崔玉涛
自然养育法

崔玉涛 / 口述　　刘子君 / 执笔

中信出版集团 | 北京

图书在版编目（CIP）数据

崔玉涛自然养育法 / 崔玉涛口述；刘子君执笔. --
北京：中信出版社，2021.9（2024.8重印）
ISBN 978-7-5217-3362-4

Ⅰ.①崔… Ⅱ.①崔…②刘… Ⅲ.①婴幼儿 – 哺育
– 基本知识 Ⅳ.①TS976.31

中国版本图书馆CIP数据核字(2021)第140139号

崔玉涛自然养育法

口　　述：崔玉涛
执　　笔：刘子君
出版发行：中信出版集团股份有限公司
　　　　　（北京市朝阳区东三环北路27号嘉铭中心　邮编　100020）
承 印 者：北京联兴盛业印刷股份有限公司

开　　本：787mm×1092mm　1/16　　印　张：17　　　字　数：220千字
版　　次：2021 年 9 月第 1 版　　　印　次：2024 年 8 月第 15 次印刷
书　　号：ISBN 978-7-5217-3362-4
定　　价：69.00元

出　　品　中信儿童书店
图书策划　小飞马童书
总 策 划　赵媛媛
策划编辑　白雪
责任编辑　陈晓丹
营　　销　中信童书营销中心
装帧设计　韩莹莹
内文插图　赵川
内文排版　北京沐雨轩文化传媒

目　录

第一部分

Part 1

坚持了
十余年的理念

　　在医院做医生，我有项重要的工作就是开医嘱——根据每个孩子的病情还有治疗需要，对他的化验、用药、营养补充、运动方法、心理调适等各方面给出明确的指导。后来，我开始做儿童健康科普，这个"医嘱"便自然地延伸到了养育生活里，我开始通过各种渠道告诉家长，该如何关注孩子的生长，如何评估他们的发育，怎样把那些可预防的问题"扼杀在摇篮里"。而在为大家讲了成百上千条具体的建议后，我发现家长的问题仍然是源源不断。有一天，我突然醒悟了：养育是个充满"变数"的任务，再海量细致的具体操作指导，也无法照顾到方方面面。而相比之下，一个理念，或是一套养育法则，好像更能在这场变幻莫测的持久战中，发挥出最有效的作用。

OI 什么是自然养育？

　　听见"自然"两个字，不少家长便会情不自禁地把它和"撒手不管"画等号，暗自庆幸这个主意好，可以省下自己不少精力。但事实上，自然养育与放任完全不是一个概念，想要做到也需要父母调整心态、不断学习，和孩子一起成长。

诊室，写满故事的地方

做儿科医生30多年，诊室是我最熟悉也最喜欢的地方，这里虽然不像急诊室，每天上演着各种惊心动魄与争分夺秒，让人时刻饱含着"冲锋陷阵"般的激情，但它却有种让我充满力量的温暖，大概是由于父母和孩子在一起时，总是充满温情的缘故吧。

而我喜欢诊室的另一原因，是因为这里充满了故事，每个带着孩子来看诊的家庭，其实都有属于自己的独特经历，这些叙述里充满的喜与悲、笑与泪、关切与焦虑、懊悔与希冀，既是我不断积累临床经验的知识源泉，更是让我坚持健康科普的精神动力。我特别喜欢看家长离开诊室时，眉心舒展、满怀信心地和我说"谢谢，再见"的样子，因为我知道那样的表情里，已经暗暗蕴藏了孩子的健康和未来。

接下来要讲的就是个令人五味杂陈的故事。那天，是个特别普通的周四，诊所晨会刚刚开始，值班护士就打来电话说："第一位患者已经到了。"我看了眼时间，8：30，离正式开诊还有整整半小时。一般在这种早高峰时段，来看诊的家庭都是迟到者居多，今天这家人会一反常态，估计不是住得远出门太早，就是情况特殊有点儿着急。

我站起身，拍了拍坐在旁边的黄大夫，示意他去换白大衣，准备出诊。黄大夫是我的学生，也是我的得力助手，每次出诊他都负责帮我记录病例、开医嘱检查等，这样我能留出更多时间来和家长多说几句、多交代些事情。而后续随访时，黄大夫也能帮我不少忙，因为每个病例他都很熟悉，所以有时候我忙公司其他事情分身乏术时，他就能成为我和家长之间无障碍沟通的一座桥。

让妈妈心态崩塌的"怪病"

我和黄大夫刚进到诊室坐定，负责接诊的值班护士就推门进来报告诊前查体结果：女宝宝，21个月12天，身高和体重增长情况都不理想，最近四五个月的生长曲线接近水平状态。带孩子来看诊的是妈妈，主要想解决孩子最近排便性状不稳定的问题。护士说："妈妈主要想查查孩子是不是吸收不好，不然吃得不少，怎么就是不长个儿，大便也不正常。好像还有些别的问题，没有细说，反正她整个人情绪不太好，有点儿焦虑。"

报告完毕，护士转身去候诊区把妈妈和孩子引了进来。小姑娘安静地趴在妈妈怀里，身形确实要比同龄孩子瘦小不少。她瞪着大眼睛四处看，显然在陌生环境里有点儿紧张，不过还算沉着，没用几秒钟就安定了下来，开始好奇地打量我和黄大夫。

母女二人刚刚落座，妈妈就迫不及待地叙述起女儿的症状。其实对于初次带孩子来看诊的家长，我一般都会主动提问，引导对方按照我的思路来陈述，这样做有两个好处：一是能让家长更有逻辑地描述孩子的情况；二是能让我更快地梳理清楚思路，尽可能迅速地找到问题的症结，在30分钟的问诊结束之前，给家长提供更多有用的指导。

不过，就像护士说的，眼前这位妈妈太焦虑了，完全没法开启交流模式，也不跟着我的思路走。我的提问仿佛完全被自动过滤了，她像是终于抓住了一个倾诉对象，开始滔滔不绝地倒出那些让她心烦的问题——孩子大便性状特别不稳定，有时候特别干，有时候又很稀，里面还总是能看见很多食物的颗粒，但是在吃的方面，自己已经很上心了，加工得很细致，为什么还会这样？每顿饭都特别注意营养搭配，从没让孩子亏过嘴，身高和体重怎么还都不长呢？孩子说话口齿不清，外人基本听不懂，自己也只能靠猜，会不会是智力发育有问题？夜里睡得特别不踏实，总醒，即使睡着了也会不停翻身，家里明明不热，孩子穿得也不多，睡眠质量这么差，不仅让人看着心疼，而且折磨得全家人也跟着睡不好……

妈妈越说情绪越激动，眼泪已经开始在眼圈里打转，感觉随时都会哭出来。而我在她略显凌乱的叙述过程中，迅速整理着自己的思路。听起来这个孩子从体重增长情况到消化吸收功能，到睡眠情况，再到语言发育水平，等等，都存在不同程度的问题，怎么会这样，到底是什么情况？

终于，这位妈妈绷不住开始擦眼泪，她看了我一眼，语气里充满了绝望："崔大夫，我这孩子是不是得了什么怪病啊？我就想着……"是时候打断她了，我说："大概情况我已经知道了，咱们先别着急，我先洗手来给孩子做下详细检查，也有些问题还想再详细问问您，然后咱们再来一起找原因。"

水落石出，令人意外的病因

一番检查花了些时间，这个过程中妈妈的情绪平复了些，而我的心里也安定了不少，因为查体过程中并没发现孩子存在身体上的疾病，不过有一件值得注意的事情——查口腔时我发现她的牙齿偏小、上颌略突出，也就是有点儿我们常说的"天包地"。我总对大家说，医生做诊断有些像警察破案，要善于抓住蛛丝马迹，把各种线索汇总归拢到一处，找到它们之间的联系和规律，才能最终查出元凶。

其实，这个比喻不是我原创的，而是源自我的导师——中国儿科急救先驱樊寻梅教授，她曾说："好的医生面对复杂的症状时，不能头痛医头、脚痛医脚，而是要能看透症状间的联系，从一个病根上去找原因。"的确，万事皆有根源，所有的症状都只是表象，这一切的背后，肯定有个症结所在。所以后来每当面对复杂的症状时，我就会想起这番话，而现在直觉告诉我，在孩子嘴里发现的这些问题，应该是我"破案"的突破口。

我开始询问孩子的基本情况，包括喂养、日常养育方式等。不得不说，这位妈妈真的是细心又耐心，几乎把全部精力都花在了孩子身上，她回答问题时，偶尔会需要翻出些照片，我发现她的手机相册里除了孩子日常的可爱瞬间，就是各种性状的大便，还有每天每顿饭的记录。然而，就这样翻着翻着，问题的症结突然就暴露出来了——孩子的日常饮食大多都是粥、烂面条。

妈妈说，孩子从小就特别喜欢吃稀软的食物，但凡遇到需要嚼的饭菜就会拒绝，如果被强行要求吃下，小姑娘咽下去后就会干呕，一定要吐出来才罢休。这种情况下，家人也就不敢再强迫孩子吃大颗粒的食物了，全家最后甚至还达成了一个共识：不着急，长大了就愿意嚼了。而且，她还有吃手的习惯，很多张照片里小姑娘的拇指都塞在嘴里。大概就是这两个原因导致孩子出现了牙齿偏小、上颌外凸的问题。

而说到这里，所有的谜团也就都解开了——排便问题、长得不好、睡觉不踏实、说话不清楚，归根结底都是因为孩子吃的东西太软烂，咀嚼能力锻炼不够造成的！不出所料，听到这个结论之后，孩子妈妈有点儿蒙，于是我开始解释："因为孩子一直没有机会锻炼咀嚼能力，所以导致牙齿和口周肌肉都发育不良，这是导致说话吐字不清楚的根本原因；而牙不好，东西嚼不烂，自然消化吸收就会出问题，所以大便性状总是不对劲，身长体重的增长也不好；至于睡不踏实，和消化吸收不良也有关系，你想，孩子肚子不舒服，夜里自然睡不踏实。"

听了我的话，妈妈脸上浮现出一种复杂的表情，有释然，有尴尬，也有些懊悔，我大概能读懂这表情背后的意思：她释然的是，孩子并没有得什么怪病、智力也没有问题；而尴尬与懊悔的是，这一切问题的根源竟然是自己的养育方式，也就是说，孩子的种种症状都是自己无意间亲手造成的。

我安慰妈妈说，现在发现问题还不晚，一切都"有救"，当务之急就是锻炼孩子的咀嚼能力，而且要先让她有咀嚼的意识和习惯。可以给孩子准备一些口味比较香甜的磨牙饼干，或者造型可爱的小馒头，让她尝试啃咬，而且吃饭的时候大人要刻意做示范来嚼，日常给孩子准备饭，从比较有嚼劲儿的小颗粒开始慢慢过渡……我说一条，妈妈在手机上记一条，我看见她眼睛里开始闪烁着充满希望的光。

领悟自然养育的真谛

其实给大家讲这个故事，就是想解释我一直跟家长说的"自然养育"究竟是什么。自然养育是我想到的一个词，我觉得没有别的表达比它更能恰当地概括我所主张的养育观念了。所谓自然养育，就是要求家长了解孩子、接受他先天的特点、尊重和顺应他的需求。而父母的作用，就是努力为孩子提供辅助和引导，帮他变得更好。坚持自然养育观，其实更像是在养育过程中寻求一个度或者一个平衡点——既不过分干预，企图控制孩子，改变他的生长发育规律；也不完全将孩子的生长发育置之不理的方式。

就比如这个带孩子来看诊的妈妈，她需要知道孩子的发育规律，明白21个月的宝宝需要学会并且习惯咀嚼，否则会对生长发育不利。她还需要了解不能靠人为过度加工食物来干扰孩子练习咀嚼。而从另一个角度说，孩子有抗拒咀嚼的表现时，作为家长应该引导，抱着"长大就好了"这样的心态将问题置之不理，就会耽误孩子的生长发育。

当然了，这位妈妈虽然贡献了一个不适合被效仿的例子，但却不应该被批判，毕竟父母都在用尽全力去爱自己的孩子，即便是错误的养育行为，父母的初衷也都是善良的。我只是希望能够通过这样的分享，让家长用更科学的方式将对孩子的那份爱传递出去，不会本末倒置，不会揠苗助长，而是真正能给孩子提供足够的助力，让他带着健康的体魄和心灵走向美好的未来。

干货总结

自然养育就是将孩子作为一个整体去了解，接受他原本的特点，同时也能带着尊重的心态，在顺应孩子需求的前提下，朝社会公共秩序的方向进行引导，而不是完全按家长自己的想法、遵照某种"标准"，去努力改变孩子。

O2 怎么会想到自然养育？

任何一个理念都是从漫长的实践中逐渐总结出来的，自然养育这个观点也是如此。如果非要说清具体是什么时候想到了这样一个理念，那实在有些困难，不过回溯从医的这 36 年经历，却又会发现变化的轨迹是那么显而易见。

当医生，从小唯一的志愿

其实自然养育这个概念并不是我闭上眼睛、拍拍脑袋就想出来的，不过要是非让我回忆它是什么时候正式形成的，却又真的说不太清楚。这个问题被问得多了，我也试着去"追根溯源"了一番，结果发现要想把整个过程讲明白，就得从很久以前我决定学医这件事说起了。

其实严格来讲，明确"当医生"这个志向对我来说并不是种选择，反而更像是在家庭熏陶下自然出现的结果。我的奶奶原本是教会学校的护士，不过从我出生起老人家就辞职了，专心在家带我。而我奶奶的父亲，也就是我的外曾祖父，是位在当时很有名望的老中医，所以家里经常往来的好友大多也都是从医的。小时候我就觉得，周围仿佛总有几个大人在讨论和看病有关的事。

受这样医学世家氛围的影响，我们这一辈的孩子成年后，选择专业时可以说基本毫无悬念，当医生更像是一种顺理成章的选择。而且我看到家里的两个姐姐都实现了学医的梦想之后，想法就更坚定了：如果将来我考不上大学，那自然是没有办法，但是只要能有机会上大学，我就一定也得学医。后来高考时，每个人可以填报 10 个志愿，我想都没想就全填上了医学。

最后，我很幸运地被首都医科大学录取了，学校那时候还叫北京第二医学院。我是 1981 年入学，因为 1977 年全国才恢复高考，所以我大一入学的时候，医学院还没有毕业生。至于当时为什么要考首都医科大学，说起来其实是因为家人的不舍，当时毕业还是学校包分配工作的，而分配又有全国分配和地方分配两种。我父亲这一辈只出了我叔叔一名大学生，在北京地质学院读书，毕业后他就被分配到了贵州。

在那个交通还不甚发达的年代，去贵州工作可以算得上是真正意义上的 "背井离乡" 了。在我的记忆里，叔叔两三年才能在春节时回一次家，而且和我们团聚没几天，不到正月十五就又得返回工作岗位，再见又得是几年以后。正是因为有这个前车之鉴，在我高考填报志愿的时候，家里人坚决要求选择将来会进行地方分配的首都医科大学。

"阴差阳错" 地被儿科录取

整个报考过程还算顺利，我也如愿拿到了录取通知书。不过打开通知的一瞬间，喜悦就被震惊取代了，上面赫然写着我被首都医科大学的儿科录取了。按照当时的填报惯例，很多人都会在志愿表上勾选 "服从分配" 这一项，我自然也是选择服从，却不承想就这么被分到了一个从没考虑过的专业。

后来，我总和人说，自己能去儿科系简直就是被选中的 "幸运之子"。

不过最初说到这四个字的时候，我心里多少是带着些调侃意味的。为什么呢？因为当时学校计划招6个班，每班40人，而这240个学生当中，医学系录取200人，只有40人去了儿科系。这个比例可就太容易让人浮想联翩了，总觉得自己是被"剩下"的那一拨，加上学校发的榜单上并没有写分数，于是我就更在心里默认，去儿科系的这40人都是被"末位淘汰"的。努力备考半天，以后却只能给小孩儿看病，年轻气盛的我觉得又委屈又不甘。

不过开学之后，我的心情就渐渐明朗起来了，一个核心原因就是我发现原来儿科系并不是低分的代表。班上好多同学都跟我一样，在纠结这个分配方式的问题，于是大家就去问老师。老师的解释是，因为大家填报志愿时，基本都是第一志愿填医学系，第二志愿填儿科系，这种情况下如果只是参照分数录取，那儿科系招到的学生怕是真的成为"弱势群体"了，生源质量无形中会打折扣。那该怎么办呢？学校想到个好主意，就是从那些选择了服从分配的学生里，每个分数段都选几个，让整个儿科系的生源质量和医学系做到平衡。

也就是说，我们这个班的学生的入学平均分和别的班是一样的，我们并不是因为"技不如人"被淘汰下来的。而且老师还告诉我们，儿科系其实很好，主要对口的分配医院是北京儿童医院，和当时医疗系的对口医院比起来，声誉确实要更胜一筹。弄清楚了这些重要信息之后，我开始打心底觉得自己幸运了。

孤注一掷，选择加入 ICU

毕业之后，我和班上另外25个同学如愿被分到了北京儿童医院，然后就面临选科室。我毫不犹豫地选了 ICU，当时这个科室还叫急救中心。

说起做这个选择的原因，也有点儿戏剧化的味道。之前在传染科实习时，有一次学习感染性休克，老师讲到休克的补液时叫我回答问题，大概是我的回答让老师比较满意，后来有一天在医院的走廊里偶遇时，她一下就认出了我。闲谈之间，老师问我毕业之后想不想留在院里，是喜欢去内科还是外科，聊过两句之后，她好像突然想起了什么："你想不想去我的病房看看？我新建了一个科，叫急救中心。" 就这样，在好奇心驱使之下，我看见了让我震惊的一幕——在各种设备、线、管子的包围之中，有个小小的身体躺在那里，整个空间异常安静，只能听到机器的运转声，但是你又会觉得它异常热闹，因为能感受到一种拼尽所有努力去拯救生命的激情。

总之，那一刻我被儿童医院急救中心的病房震撼了，老师在一旁问我感觉这个专业怎么样，喜欢不喜欢，我竟然一句话也说不出来。而属于我的未来之门，大概也就是在那一刻打开的。后来在我们挑科室的时候，每个人可以填报两个志愿，我都填了"新生儿急救中心"。辅导员看完这个志愿立刻急了："如果急救中心不要你，可就得服从调剂啦，到时候就剩冷门科室了，你要不要换个志愿？"我把头摇得像拨浪鼓："人生大事上的选择，不能给自己留后路。"

我的孤注一掷换来的是如愿以偿。毕业之后，我正式成为北京儿童医院新生儿急救中心的一名医生。至于那位用一次偶遇就为我推开未来之门的老师是谁，估计大家已经猜到了，就是我前面提到过的，中国儿科急救先驱——樊寻梅教授。

越来越多难诊治的"怪病"

初到急救中心的几年，我接受了高强度的魔鬼式训练。当时确实几度有过"吃不消"的感觉，不过后来回头再看，那些工作真的还算"简单"，虽然强度高、压力大，但是基本用教科书上的知识就能解决一天里遇到的所有问题。家长带着孩子来找医生看的都是"按照书上说的原因得的病"，大到呼吸衰竭，小到感冒腹泻，教科书都能提供治疗建议。可是后来慢慢地，传统教材好像不能完全胜任智囊这个角色了，在给孩子排查病因时，有的已经在书里找不到答案了。

比如有一年入冬后不久，儿童医院突然接了一例急诊。7 岁的男孩突然出现惊厥症状，而且家长主诉孩子以前没有过类似病史。起初，我们按常规的诊断思路去找病因，根本摸不着头绪，孩子吃、喝、作息等都没有出现异常，可是如果不确定病因，就没法治疗。正在大家一筹莫展的时候，有位护士偶然闻到了孩子的棉衣上隐隐有股敌敌畏的味道，才打开了突破口，我们顺着农药的线索往下排查，最终确诊这个孩子是有机磷中毒。万幸的是，家长发现异常后一点儿都没耽误，连夜从老家把孩子送来了儿童医院，因为得到了及时的治疗，小朋友最终顺利康复出院了。

不过新的问题又来了，孩子的衣服上怎么会有农药呢？细问了家长才知道，原来在春天换季时，妈妈想着把孩子的棉衣棉裤晒晒再收起来，这本来没什么问题，但是晒完之后，妈妈怕棉花被虫蛀，碰巧家里的樟脑丸又用光了，于是她"灵机一动"就往衣服上喷了些稀释过的农药，然后才收进了柜子里。等入冬后再穿时，因为孩子没有穿内衣的习惯，他的皮肤就和喷过农药的棉衣棉裤直接接触了，7 岁的小男孩又好动爱出汗，穿了一段有农药的棉衣之后，残留在衣服上的有机磷就开始溶解，通过皮肤被吸收了，才导致出现这样的有机磷中毒情况。

我之所以会对这个案例印象这么深，是因为一直以来，我都觉得孩子生病的原因大多属于俗称的"天灾"。既然得病了，家长和医生就好好治疗，尽早帮助孩子恢复健康就好，可这个有机磷中毒的事件让我第一次深刻感受到，原来孩子生病的诱因，也可能是"人祸"，家长的养育行为，竟然会对孩子的健康会产生这么大的影响。后来能给我类似触动的案例越来越多，比如父母对孩子的学业逼得太紧，导致孩子心理压力过大，出现了呼吸困难的症状。又比如家长发现孩子突然全身皮肤发黄，赶忙送来医院，详细检查之后发现是几天之内吃了大量橘子导致的，等等。这些变化当然是慢慢出现的，但是对我来说好像就在一夜之间。忘了从什么时候开始，我清晰地感到在儿科门诊和急诊遇到的病例，和我刚刚参加工作时的感觉完全不同了——孩子能不能健康长大，很大一部分主动权都落在了家长的手中。

初次接触和睦家医院

时间不知不觉就到了 2001 年，快过春节时，北京和睦家医院突然有个医生联系我，说他们医院里有个情况危重的早产儿，问我能不能过去帮忙会诊。当时我在儿童医院正带教学，不用上夜班也不用值夜班，正好晚上可以过去帮忙。于是我和院里的领导说了这件事，他们也都很支持，就这样，每天下班后我开始准时去和睦家医院报到。当时我带着和睦家的一位年轻医生一起工作，他白天当班，我晚上看护，持续了大概六七十天的时间，其间加上和睦家其他医生的配合，最终把这个早产儿救活了。等到孩子的情况逐渐平稳后，我就没再继续过去，一切生活节奏又回归了正常，感觉所有的事情也都结束了。

没想到，大概过了一两个月，和睦家的人又联系我，说其实他们缺儿科医生，问我能不能去做个兼职。我算了算自己的时间，因为不在临床，所以休息日相对固定，周日的时间都比较自由，于是我每周就利用那一天去和睦家医院做兼职。就这样又过了几个月，有一天，和睦家的总经理助理找我说："崔医生，总经理想跟你聊聊。"我听了一头雾水："聊什么？"

总经理倒是很直接，连客套话都没说，开门见山就问我能不能到和睦家医院来工作。说实话，听到这个问题的一瞬间，我完全没有反应过来，因为在这之前，我根本就没往这方面想过，一丁点儿都没有。总经理说给我几天时间仔细考虑，我当时想，别说几天，给我几十天我也想不清楚啊，对我来讲下决心可实在是太难了。在那个年代，大家还都习惯在一个地方干到退休，更何况公立医院和私立医院的差异实在太大了，各有特色，很难在二者之间做出比较，也就更难选择。所以面对这个新机会，我的纠结远远大于兴奋。

充满挑战的工作新思路

不过犹豫归犹豫，决定还是要做的。考虑再三之后，2001 年 8 月 1 日，我正式入职了北京和睦家医院。没想到入职后的第一感觉就是"不适应"。为什么呢？按说我在儿童医院工作了 15 年，对于临床上这些儿科常见的大大小小的病也算是很熟悉了，可是很多来和睦家看诊的家长提的问题却让我感觉超级难回答。比如孩子8个月了，辅食应该吃什么，怎么做？1岁多的孩子刚会走路穿什么样的鞋更好？刚带着6个月大的孩子从美国回来，这后面的疫苗该怎么打……

那段时间我时常想，如果说在儿童医院遇到的那些"特殊"案例超出了教科书的范围，那么我现在遇见的这些简直就算严重超越教学大纲了，这些都是儿科该管的事儿吗？实在是太难了！不过虽然我心里默默头痛抓狂，但既然在这里做了医生，就得百分之百对病人负责，于是我开始拼命地通过各种渠道搜集资料学习，幸运的是那个时候互联网正在飞速发展，获取信息也变得容易得多。如果某位家长的问题我没办法马上给出回答，或者我自己也不是很确定，就记下来，然后去网上找答案，自己把答案求证一遍，之后再打电话给家长做随访，讲解清楚。其实严格意义来讲，我这属于现学现卖，不过确实也能让人快速成长，加上到了和睦家之后，出国交流学习的机会增多，我渐渐在新的岗位上找到了感觉。

而且，在这个过程中，我发现很多问题其实都是可以通过家长调整养育方式去预防的。于是在和家长交流的过程中，我就开始关注他们的养育行为，也会进行一些科普，比如讲讲辅食添加的技巧、大运动训练的方式、乳牙护理的要点等，儿童健康管理思路的雏形也就这样慢慢地出现了。

养育的核心是家长的观念

后来，随着时间的推移，和家长交流多了，我又发现比方法更重要的是养育观念，因为方法是用来执行的，如果家长理解不到位，或是心态上没有准备好，那么执行起来都容易跑偏。但是观念就不一样了，它是写进意识里的，是一切行为的驱动力，就好像我们总说一个人的三观如果正了，那他做起事来，虽然依旧难免有失误，但一定不会出原则性的问题。

所以我想，得先有个和养育有关的"原则"或者理念，帮助家长们把正确的观念树立起来，然后才能在这个前提下继续讨论方法。后来，在不断摸索的过程中，我发现还是自然养育最靠谱。因为想做到"自然"这个前提，就意味着家长能够清晰地认识并且接纳现状，然后再带着平和的心态，以尊重为基础，用最顺应孩子成长的方式去辅助孩子的发展，纠正他们在成长过程中出现的偏差。

至于这个观念怎么落地，在这本书的第二部分和第三部分，我集合了这几十年遇到过的案例，搭配一些最典型的养育话题来为大家做解说。希望能够通过一个个故事，帮助大家了解自然养育的观念是怎么渗透到养和育的方方面面，被转换成具体的育儿行为的。

干货总结

孩子的很多健康问题其实可以通过家长调整养育方式去预防。

在孩子成长的过程中，父母的作用绝对不是控制和改造孩子，而是引导、帮助他，在符合社会秩序的前提下，依据他自己原有的轨迹或引导出的轨迹成长得更好。

第二部分

Part2

如何养

几十年前，当大家还在着力解决温饱问题的时候，对于父母来说，养个孩子似乎挺容易，毕竟只要给小朋友吃饱穿暖，每天看护周全，保证不出危险，孩子总会一天天地长大，养育任务也就这样顺其自然地完成了。

可是随着经济发展、社会进步，人们的生活水平出现了质的飞跃之后，家长们对于养育结果的追求似乎也在慢慢提升。于是，怎样养育出一个健康孩子就成了门学问，而深究起来，里面也确实有很多细节值得我们每个家长关注。

01 孩子并非缩小版的成人

孩子的生理特点与发育规律等都和成年人有很多不同。如果把家长自身的生活习惯、饮食结构，直接套用在孩子身上，很可能会让孩子"消受不起"，非但于健康无益，还有可能会妨碍生长发育。

对于儿科的全新认识

"孩子并非缩小版的成人"这句话的"原创者"是我刚入行时的导师樊寻梅教授。当年被首都医科大学儿科系录取之后，我一度有个误解，就是给孩子看病时，只需要拿出给成年人看病的一小部分经验就可以应付。但是随着学习的逐渐深入，我才发现儿科是个非常专业的系统，并不能套用治疗成人的经验。

上大学时，我们不仅要学习儿内科学、儿外科学、儿童传染病学和儿童保健学这四大主科，同时还要穿插学习小儿眼科、口腔科、耳鼻喉科相关的知识，而且所有的内容并不能单纯地同成人的临床医学诊治方式画等号。所以后来听到樊教授的这句话时，我从心里觉得说得实在是太对了！

也正是因为自己有过这样的思想转变，后来看到家长们把孩子当成缩小的成人养时，我一点儿也不觉得奇怪。不过理解归理解，但观念还是得纠正，否则大家在这样的误会之下，始终按成年人的生活习惯来照顾孩子，很容易伤害了孩子的健康。所以在跟大家聊怎么养孩子时，我认为第一件事就是得先让家长们明白，孩子可真的不是缩小版的成人。

洗澡，竟然"洗"出湿疹？

我之前遇到过这样一个案例，一位妈妈带着1岁多的女儿来看诊，孩子的皮肤干燥粗糙，还有不少湿疹，入冬以后这个情况更严重了。起初我们把关注点放在了饮食上，但是并没找到任何线索，后来再从生活方式上排查才发现，原来孩子日常都是姥姥在带，老人家爱干净，每天都要洗澡，天气干燥的冬天也不例外。于是在照顾外孙女时，姥姥也继续着这个习惯，即便这一天再累也要给孩子洗个澡才算结束。而且，姥姥每次洗澡都习惯用沐浴露，还得再使劲儿搓一搓，一定得洗到摸着皮肤涩涩的才放心，不然总觉得没洗干净。

但是姥姥不知道，孩子的皮肤角质层其实和成年人不一样，特别是新生儿和小婴儿，皮肤更薄，毛发也比较少，对外来刺激物很敏感，对细菌的易感性也比成年人要高。这种情况下，如果每天都洗澡，就很可能会给孩子的皮肤造成过度刺激。再加上频繁地使用沐浴露和搓澡，"强强联合"反而洗掉了孩子皮肤上原来的油脂，虽然当时摸上去有那种让人安心的涩涩的感觉，却会让皮肤变得越来越粗糙。

接下来的问题就更严重了，我们都知道，粗糙的表面又比光滑的表面更容易挂上脏东西，这就意味着孩子被洗涩了的皮肤上会附有更多的细菌、灰尘。反过来，如果皮肤上有油脂，很光滑，不但不会轻易附着上脏东西，而且即使附着上了，也很容易洗掉。所以这么一分析，你有没有发现，我们按照成人的标准拼尽全力给孩子"洗干净"，其实反而是在破坏他的健康。

小宝宝洗澡，不用"太认真"

后来，我告诉陪同来看诊的姥姥，对于小孩子来说，洗澡的频率其实并不用特别密集，每周洗两三次就好，至于沐浴露更是没必要次次都用，一般1~2周用一次就足够了。听了这些，估计有人又会说了："皮肤洗粗糙了不怕，我再给孩子用润肤乳呗，皮肤就又变滑了呀。"

那位姥姥当时也问了我这个问题，看来大家对于润肤乳都有种说不出的青睐。

那么我就借这个机会好好说一说润肤乳。首先可以确定的是，孩子皮肤自身的代谢加上用清水清洗，就已经能够清理和隔离大多数细菌，维持皮肤的健康状态了。但是我们非要把人体自然分泌的油脂洗掉，再涂上有化学成分的润肤乳，这就成了本末倒置的做法了。

姥姥听完一脸疑惑："我没觉得孩子皮肤表面有啥油啊？真有油得多脏啊，不洗净了哪儿成呀？"看来科普还得继续。我让姥姥摸了摸自己的手背，感觉一下是不是摸上去滑溜溜的。这层滑滑的东西就是皮肤表面的分泌物了，里面有一部分是油脂，那另外一部分是什么呢？是细菌的分泌物。其实，我们人体是和细菌共存的，在表皮和肠道中都有特别多的细菌，这些菌并非都是有害的，其中一些反而守护着我们的健康。比如肠道菌群会分泌黏液保护肠道，而皮肤表面的一些细菌也会产生一些分泌物来保护皮肤。这些细菌分泌物加上皮肤油脂腺分泌的油脂，就形成了我们皮肤表面摸上去滑溜溜的这层物质。

很多人会觉得这些分泌物油腻腻的，实在是太脏了。其实在皮肤表面适度地保留一些分泌物并不是什么坏事。你可以把它想象成是人体表面的保护层，不仅能滋润皮肤、保护皮肤不轻易受损，同时还能抑制一些坏细菌和真菌等的增殖。

当然了，皮肤表面也有很多"不良分子"总是伺机作乱，比如葡萄球菌、绿脓杆菌等，皮肤在完整无损的情况下，它们没什么机会作恶，不会对人体造成伤害。可是如果频繁使用沐浴露、香皂等给孩子清洗，把皮肤表面那层具有保护作用的分泌物清洗掉，就可能导致皮肤变得干燥，出现我们肉眼看不见的小裂口。要是在清洗过程中再使劲儿搓的话，更是有可能损伤皮肤，给细菌可乘之机，侵入破损的地方并且快速增殖，进而引发红肿、感染等一系列皮肤问题。

给孩子洗澡护肤，注意这些问题

这么解释完，姥姥终于明白了，不提倡频繁给孩子洗澡、使用沐浴露，更不提倡搓澡，其实是为了保护小朋友皮肤表面的分泌物和皮肤的完整性，而这层分泌物带来的那种顺滑，和涂上一层润肤乳制造的滑溜手感，对于孩子的健康保护来说可不是一个等级的。"觉悟"了之后，姥姥突然又面露遗憾之色，转头跟女儿说："可惜了家里那些个沐浴露和擦脸油，你还都买的那么贵的，这下不能用都得扔了，要不我用吧？"

看来姥姥又跑到另一个极端去了，我赶紧叫停："不推荐频繁使用，跟不让用可完全不是一回事啊！比如，小宝宝每过一两周适当用一些沐浴露是没问题的，又比如一些孩子本身皮肤就相对粗糙、油脂分泌少，也是应该用些润肤乳来滋润的。不过要注意的是，千万别陷入先刻意洗掉孩子皮肤表面自然分泌的油脂，然后再用润肤乳来弥补的怪圈里。"

既然已经说到了这里，就再跟大家聊聊润肤乳的选择，姥姥说女儿买的都是"贵"的，其实说实话，孩子的护肤用品相比看重价钱，更该在意的是成分。一般来说，家长最好注意选成分天然、无添加的产品。其实对于孩子来讲，润肤乳能够保湿就已经足够了，不需要太多花哨的效果。

而且还得多提醒一句，润肤乳只能抹在完整的皮肤上，皮肤有破溃的地方都不能用，有创口的皮肤需要用药物来治疗。而且大家需要注意一件事，就是破溃的皮肤不仅指有出血或化脓的皮肤，有些孩子湿疹严重，皮肤会裂口、渗水，也都属于破溃。在这样的皮肤上可以用抗生素加激素药膏，以1:1的比例混合之后进行涂抹，当然了具体怎么用药，最稳妥的还是需要在使用前咨询医生。

来看诊的这个小姑娘虽然身上湿疹的面积比较大，但是所幸并没出现破溃的情况，所以我就让家长回家先给孩子大量涂抹润肤乳。这个"大量"可真的要做到货真价实，最起码在抹过之后，孩子的身上要摸起来有一层残留的润肤乳保护膜，而如果抹上的护肤品都被完全吸收进皮肤里了，那就说明抹的量还不够。除了多抹油，还要调整洗澡的频次，大约每隔三天洗一次就可以，另外每两周用一次沐浴露。

除了这些，其实洗澡的方式也应该特别注意。比如水温最好控制在38℃左右，每次洗澡时间也不要太长，10~15分钟相对来说会比较合适。之所以这么讲究这个时长问题，是因为一方面如果洗澡的时间太短，可能会洗不干净，特别是小宝宝的脖子、大腿根会有很多褶皱，需要花点时间认真清洗；另一方面，如果时间太长，孩子又会在水里泡得过久，对皮肤不好。

成人的健康餐反而害了孩子

虽说洗澡只是一件小事，但是如果不了解孩子的皮肤特点，一味地按照成年人的习惯去操作，那么非但没让孩子受益，反而还可能给他的健康埋下隐患。无独有偶，还有个因为体重增长情况不理想来看诊的小朋友，也是因为家长太把孩子当缩小的成人来照料，才出现了生长问题。小男孩 2 岁 10 个月，我第一眼看到时留下的印象，就是他的体重和身高确实都比同龄孩子要小一号，看生长曲线上的数值也是如此，身高和体重长得确实都不太好。

妈妈说，这孩子一直偏瘦小，最近半年和同龄孩子的差异明显更大了，其实平时饭量不小，也没有食物过敏的情况，但就是不增体重不长个儿，简直快要急死了。而在一通排查之后，谜题终于解开了，原来孩子的爸爸妈妈都喜欢健身，特别推崇"减脂餐"——少油、少盐、少碳水，夫妻二人的一日三餐里，主食简直少得可怜，这种情况下孩子的日常饮食结构不知不觉就也跟着"健康"起来，早饭通常是鸡蛋、牛奶加一些肉类，没有主食；午饭和晚饭，妈妈会给孩子准备大量的肉和菜，但是主食却很少。用她的话说，孩子光吃菜和肉基本就饱了，一天的主食量加起来，最多能有自己半个拳头那么大。

听到这，我基本确定这就是问题所在了。坦白地说，在这样的饮食结构下，父母的身材确实都保持得相当好，而且加上两个人都喜欢运动，精神状态也很饱满，但是这个吃饭的方式套用到孩子身上就不那么健康了，还可能影响孩子的生长发育。为什么呢？我们成年人对于体重的诉求是控制，是期待它"不要涨"，但是孩子的体重需要合理地增长。也就是说，两类人群对于健康体重的要求标准是不同的，在这种大前提下，孩子和父母套用同一个饮食结构，就会出问题。

我也特别想提醒大家，现在越来越多的成年人注重身材管理，特别是女性，一听到脂肪这两个字，就如临大敌，觉得它好像一无是处，不仅要把自己日常能摄入脂肪的通路都掐断，还恨不得孩子也要离脂肪远远的才好。但事实上，孩子的成长恰恰是需要脂肪来提供能量的。所以无论是中国营养学会还是美国儿科学会，都强调孩子在可以接受

昨天去体检，医生说宝宝的身高体重还和半年前差不多。

怎么会呢？他平时饭量可不小！

是啊！肉蛋和蔬菜水果都没少吃！

我们的喂养绝对科学——高蛋白、低碳水、无油烹饪。到底是怎么回事呢？

宝宝每日食谱
早餐
鸡蛋、牛奶、鸡肉
午餐
鱼肉、牛肉、蔬菜
晚餐
牛肉、蔬菜、水果

孩子可不能参照成人的"健康饮食"喂养！

碳水化合物和脂肪都是孩子生长发育必须摄入的营养。

这份给孩子制订的"营养食谱"会导致孩子每日的碳水化合物和脂肪摄入不足，严重影响孩子正常的生长发育。

主食（米、面等）量甚至应该占到整顿饭摄入量的一半。

牛奶后，满两岁之前要注意选择全脂牛奶，提出这个建议的核心原因，就是为了避免孩子出现脂肪摄入不足的情况。如果家长不了解这个前提，那么本来挺"养生"的健康餐，反而可能导致孩子碳水化合物、脂肪等摄入不足，影响生长发育。

了解孩子特点，给他妥善照顾

上面的这两个小案例情况并不复杂，不过却反映家长对于孩子生理特点和生长发育规律认知的不足。其实，家长如果想要给孩子妥善的照顾，那么最关键的基础就是先了解孩子的特点，才能明白他真正需要的是什么。而这也恰恰是我坚持做了 20 年儿童健康科普的原因之一，就是希望更多家长能提前多了解一些养育知识，让孩子在正确的养育方式下成长，同时也能及时发现孩子的异常，防患于未然。

也许大家觉得这些话很像空洞的大道理，就是乍一听没有什么错，可是仔细一品又发现也没什么用。但是，如果结合一个又一个鲜活的生命来看这些话，那可能就是另一番感受了。

干货总结

自然养育的前提是要求家长先建立一种意识：孩子正处在成长的阶段，从生理特点到认知水平，再到营养需求等等，都与成年人有很大不同。建立起这样的意识之后，父母才有可能将自然养育的方法真正落到实处。

O2 早产儿出院只是个开始

很多父母觉得，早产儿达到出院标准之后，这段有惊无险的经历就可以圆满画上句号了。但事实上，如果带宝宝回家后，家长忽略了后续的护理，随之而来的问题可能更加严重，而强调这一点并非小题大做，而是因为它已经被无数个真实又悲伤的案例验证过。

成为中国新生儿急救首批学员

讲早产儿的事情，要从 1989 年说起，当时我们想把儿童医院急救中心分成 NICU（新生儿急救中心）和 PICU（儿童急救中心）。那时候美国的世界健康基金会（Project Hope）已经和浙江大学医学院附属儿童医院共建了国内最早也是最规范的 NICU 病房，同时，那里也就成了国家级新生儿重症监护的重要培训基地。1989 年，院里就把我派去和来自全国各地的十几名医生一起参加培训。每天上午我们在查房的过程中，都有专门的老师负责讲课，到了下午就会安排进行实习，同时也参与救治病人，最后要通过中英文混合的考试才能算培训通过，整个过程持续了半年。培训结束后，我也就成了当时中国专项做新生儿急救的首批医生中的一员。

也是经过那次培训，我才对新生儿急救有了更深刻的认知，知道了通过急救可以救活体重在 1000 克，甚至是 1000 克以下的早产儿。这个数字对于当时的我来说，实在像强心针一样让人振奋。为什么呢？因为我们从上学时起就牢记，早产儿的定义是出生孕周小于 37 周，出生体重小于 2500 克的孩子。1000 克和这个标准差出太多了，所以当时我们大家听到这个说法时的感觉，绝对能用"不可思议"来形容。

而且随着培训的深入，我才逐渐发现，和早产儿相关的知识完全是一套新的理论系统。这套理论和上学时学的新生儿学有相似点，但是也有很多不同，因为足月的新生儿是在基本发育成熟的状态下出生的，而早产儿无论早产了多久，都属于还未发育成熟就出生的。我记得当时的老师说过一句像绕口令一样的话：如果说新生儿是有某些地方发育尚未成熟，那早产儿就是所有地方都尚未成熟，这二者的概念完全不同。所以就像说"孩子不是缩小版的成人"一样，早产儿也不是早出生了几天的普通宝宝。

全力抢救究竟为了什么？

培训结束回到儿童医院后，虽然因为各种原因不能马上在院里设立 NICU，但我还是特别想把培训学到的知识用在那些早产的孩子身上。所以和院领导商量之后，当时就设立了一个病房，专门收治需要急救的新生儿和早产儿。如果没记错的话，那时候我和团队已经能够将出生体重是 1500 克的早产儿救活了，当时感觉这个结果真的很不容易，面对这种成功大家也都比较兴奋。

但是紧接着，不同的声音就传来了，最强烈的声音来自我们院的神经科主任——孩子虽然被我们从死神手里拼命救回来了，可是后续的大脑发育问题却一度让神经科医生感到崩溃。神经科主任有一次憋不住了冲我大吼："昨天我又看了一个你们救活的孩子，又是脑瘫，你们这儿出来的早产儿，怎么那么多都是这样！"他说这些话的时候真的很生气，生气中夹杂着一种无能为力的心痛，因为等家长发现孩子有发育问题，再带去看神经科的时候，基本上已经错过了最佳治疗期，医生基本也无能为力了。

当时我面对主任的这通发泄，心里感觉特别不舒服，不是因为被骂了，而是因为我开始怀疑自己，我不停地问自己，明明是大家通力合作，努力奋战才把孩子从死神手里拉了回来，但是为什么我们给了他生命却没能给他好的生活质量？命是保住了，可人却……这样的努力，对于孩子、对于家长的意义又在哪里？我们救活这些早产儿，难道做错了？这一系列问题如同乱麻一样，交织成一张巨大的密不透风的网，把我罩了起来。那之后的两三天里，我除了面对病人时还能保持清醒，其余的时间唯一能体会到的感觉就是茫然。工作三四年，我头一次开始纠结自己做的事情到底有没有价值。

顾及生命，更要照顾生存质量

后来又过了大概一周，我终于从消沉里缓过劲儿来了，思路也渐渐清晰：医生的天职就是救死扶伤，所以只要还有一线希望，就不能和死神妥协。不过，我们确实也要照顾生命的质量，"救活"并不是战斗的结束，而只是个开始。最后我决定，我们自己开新生儿随访门诊！不再让从这里出院的孩子们，等到发现了问题再去四处求医。

于是我和儿科的同事们就开始坚持做随访，只要是从我们这出去的早产儿，都会定期联系，了解孩子的情况后再有针对性地给家长提供养育建议和康复指导。当时的通信还没有那么发达，加上后来北京开始大面积拆迁，很多孩子出院之后再想联系上其实十分困难，所以随访工作开展得很艰辛，但是每个同事都在尽最大努力去坚持，因为随访的效果真的越来越明显。最让我触动的是有一天又碰到了神经科主任，这次他的语气高兴又和蔼："最近怎么看不见你们的孩子了?"我有点儿自豪地说："孩子我们自己管起来了。"

后来在1992年，科室组织过一次联谊会，邀请的都是当年从急救中心出院的早产儿，当时到场的有二三十个家庭。我们发现，家长如果能坚持根据医生的随访指导，帮助孩子进行康复，那么预后情况要明显好于那些没有坚持随访指导的孩子。这就说明，随时了解孩子的状态，调整养育方式，积极地管理孩子的健康，还是有效果的。

也是从那时候开始，我就总对早产儿的父母说，孩子的生命体征平稳，达到出院标准了，并不意味着所有的问题都已经结束，可以忘记孩子是早产儿这件事了。相反，家长带着孩子出院的那一刻，只是今后生活的开始，根据孩子早产的日期还有出生时的状况，不同的家庭有不同的路要走，很多父母要面对的、要做的还有很多。如果忽视这些回家后的护理，或者说刻意回避孩子早产这件事，那么留下的遗憾很可能就是终生的。

忽视复查带来的沉重代价

2017年，在参加韩红爱心百人援宁义诊时，我们遇到过这样一个案例。

来就诊的是一个矫正月龄6个月的小朋友，父母的年龄偏大，妈妈40岁才怀上孩子，因为妊娠合并高血压，所以在孕31周5天时早产了，孩子出生后使用过呼吸机，住院36天情况平稳后，就出院回家了。因为接下来的几个月，小家伙能吃、能睡，身高体重长得还都不错，看起来一切正常，家长就没有按照出院时的医嘱，带孩子去做定期复查。

但是随着孩子渐渐长大，不对劲儿的事情就出现了，比如孩子明明矫正月龄已经6个月了，可是还不能俯卧抬头。家长之前也感到有异常，但是因为缺乏医学常识，加上看医生不太方便，所以迟迟没有带着孩子去医院。幸亏他们听说了义诊的消息，想着让"大城市"的医生来看看孩子，我们才有机会发现孩子的下肢肌张力高，已经出现了脑瘫的迹象。

脑瘫这个词大家可能经常听，但它具体是怎么回事呢？其实这种疾病的全称是脑性瘫痪，是由多种原因导致的非进行性脑损伤综合征，最主要的表现是肌张力高、痉挛型瘫痪、姿势怪异，有些还伴有智力障碍、癫痫发作等异常症状，脑瘫可能会伴随孩子的终生。而早产就是引发脑瘫的四大因素之一。

因为目前还没有发现能治疗脑瘫的特效药，所以对于患脑瘫的孩子，大多是采取康复治疗等方法，来帮助促进各系统功能的恢复和发育。也是由于这个原因，我们说脑瘫治疗的关键就是早诊断、早治疗，预后会相对要好很多；反过来，如果不重视康复训练，只想通过药物干预来让脑瘫的孩子恢复健康，那基本上就等同于在盼着奇迹发生。

另一个让人唏嘘的案例

义诊时，我们还遇到过一名7岁的男孩，他在出生第3天的时候就出现了窒息，到了第5天黄疸值竟然高达21毫克/分升，医生给他照了蓝光，后来出生40天时，还使用了高压氧舱进行治疗。黄疸终于成功退了，家长以为一切都回归正常，便松了一口气。但是在孩子5个月时，家长发现他的反应能力比较差，在1岁8个月时，他还出现了惊厥的症状。这时候家长也意识到了事情的严重性，于是万分焦急地带孩子到北京一家医院求医。

当时头颅核磁检查结果显示，孩子的脑白质发育不良、有液化，医生诊断为"脑瘫"。经过几个月的康复治疗后，孩子的情况有所好转，可以出院了。在回家前，医生和家长反复强调，回家后一定要继续坚持做康复训练。然而，家长回到老家之后被亲戚一忽悠，关注点就开始跑偏，带着孩子四处求医找特效药，还尝试各种民间偏方，反而没有时间和财力去做正规的康复训练了。家长的这种心情我们都能理解，但另一方面，也不得不告诉大家一个很残酷的事实，脑瘫患儿的大脑已经损伤了，这种损伤是很难恢复的，所以根本不可能有什么立竿见影的疗法能让孩子迅速恢复健康。康复训练虽然见效慢，却真正对孩子有好处。所以如果家长把精力一味地浪费在寻找各种"灵丹妙药"上，结局就是舍本逐末、得不偿失。

现在，小男孩已经7岁了，依旧不能自己吃饭，没法控制大小便，只会说"爸爸""妈妈"。孩子原本处在无忧无虑，可以和同学们一起在操场上奔跑的年纪，却只能坐在轮椅里，由父母照顾全部生活。当时这家人抱着一线希望带孩子来到义诊现场，希望这些来自全国的名医能开出一剂神药救救儿子，但很遗憾的是，情况已至此，医生能做的干预真的已经很有限了。看着那对老实淳朴的父母在听完"宣判"之后离去时落寞的背影，在场的所有人的心情都特别低落。

回避问题，只会让情况恶化

我能理解对于所有父母来说，"脑瘫"这两个字无异于晴天霹雳，也让大家避之不及，但有个残酷的事实就是，脑瘫在我国并不罕见。曾经有统计显示，中国平均每1000个孩子里，就有2个罹患脑瘫，这个发生率已经很高了。孩子会得脑瘫和很多因素有关，而前面也说了，早产就是一个高危的因素。所以我就特别想提醒早产儿的家长，千万要关注孩子患脑瘫的风险。

像前面案例中那个矫正月龄6个月大的小朋友，据家长说，孩子回家后始终没有在清醒的时候趴过。我问家长为什么不让他趴呢？家长说起初担心孩子太小，又是早产，趴着会不安全；等后来孩子稍微大一点儿，只要一让趴他就哭，家人看了都觉得心疼，于是也就作罢了。

其实，对于早产儿来说，既然患脑瘫的概率更高，那么出生后就应该尽早开始干预。让孩子在清醒时趴着，就是早期干预的方法之一，更是早期评估的方法。如果说孩子对于趴表现得特别抗拒，那么很可能就代表他的肌张力过高，这时候家长首先就要考虑是否存在脑瘫的风险，也要及时带孩子就医。那名6个月大的宝宝，恰恰是因为错过了这个排查的方式，也错过了最佳的发现问题的时间。

总之，早产儿被抢救成功平安出院，真的只是迈出人生之路的第一步。如果家长想要呵护早产儿健康成长，千万要记得预防6个方面的健康问题：慢性肺部疾病、早产儿贫血、视网膜病变、听力受损、早产儿佝偻病、大脑和神经系统问题。这些事都很专业，关注起来也很费心力，家长想要做好，既需要自己多学习相关知识，同时也需要定期带孩子去医院进行体检，让专业的医生进行检查、评估，如果发现了问题，就配合医生及时地进行干预和治疗。对于家长来说，孩子出现了像脑瘫这样可能会伴随终生的问题，肯定会感到不甘心和痛苦，但是从理智上来讲，真的需要早点儿接受这个现实，积极地为孩子开展治疗和康复训练。因为只有这样，才能最大限度地改善他将来的生活质量。

康复训练，让早产儿成功追赶生长

当然，大家千万别因为这几个沉重的案例，就开始过分地紧张和焦虑，早产两个字并不代表一纸宣告，让孩子从此被打上"有问题"的标签。如果能在了解早产儿特点的基础上，给他妥善的照顾和辅助，孩子完全有可能成功追赶生长，甚至发育水平超过同龄的足月出生的宝宝。

我之前遇到过一个案例，孩子早产后重度窒息，当时还接受了心肺复苏，情况比较危重，所幸经过抢救和后续的护理，得以平安出院。妈妈是幼儿园老师，在照顾孩子这方面很有经验，出院之后一直积极配合医生给女儿进行康复训练，坚持定期体检。这一系列努力换来的结果是孩子生长和发育都追赶得非常好，到了四五岁的时候，这个小朋友的发育情况和同龄人比起来，已经算是中上游的水平了。

这正切合了自然养育的理念，而且正所谓功夫不负有心人，父母的每一分努力，又都会从孩子的身上找到回报。最后，我特别想和早产儿的家长说："千万要放松心态。"当年我在儿童医院搞新生儿急救时，见过很多自责、崩溃的父母，但是大家得知道，孩子早产并不是父母的错，千万别让内疚的感觉一直侵蚀着你。曾经有过关于早产儿的统计，当时的结论是，每年的新生儿中有将近10%的孩子都是早产，随着时代的发展，这个比例肯定也会有改变，但是可以肯定的是，它并非一个小概率事件，大部分时候也并不能由父母控制。

放下焦虑，积极向前

因为各种各样的原因，早产儿的父母也比普通父母承受着更大的压力，背负着更沉重的责任，除了身体上的疲惫，还有心理上的焦虑。作为曾经长期在临床和这群父母打交道的医生，我深深地理解这样的心情，但是我仍然想给各位正在照顾早产宝宝的家长打打气：请一定相信你自己，也相信家里那个提前到来的小天使，他一定能在你的精心呵护下，健康长大。

干货总结

早产儿出院回家后，要特别注意预防6个方面的健康问题，包括：慢性肺部疾病、早产儿贫血、视网膜病变、听力受损、早产儿佝偻病、大脑和神经系统问题。想要系统监测早产儿的生长情况，父母既要掌握一定知识，同时也要坚持定期带孩子去体检，做到早发现、早干预、早治疗。

03 不要做婴儿大便的奴隶

说到为人父母的焦虑，不仅是早产或出生时遇到特殊情况的孩子家长会这样，即便是面对出生时身体健康的足月宝宝，家长也会被焦虑笼罩，特别是新生儿的父母，孩子的一个小动作、身上的一粒小疹子，都会让他们紧张不已，而在这万般焦虑之中，最牵动新手爸妈神经的，莫过于一个有味道的话题——大便。

虽说孩子大便的性状、颜色及排便规律等，能在一定程度上反映他的健康情况。不过如果父母每次都深究孩子的大便，那换来的可能并非是对孩子健康状况的了如指掌，而是自己内心无边无际的焦虑。

每一天竟然都是"味道满满"

"不要做婴儿大便的奴隶"，我第一次说这句话是在微博上。从2002年1月份开始，我就在《父母必读》杂志上开设了一个叫《崔大夫诊室》的专栏，每月一期，和读者们聊聊最近在诊室里遇到的典型案例，同时科普一些健康养育的常识。后来到了2009年，机缘巧合之下我开始写微博，其实初衷特别简单，就是想借助互联网的强大力量，为更多的人进行健康科普，让家长们能在养孩子的过程中少走弯路，少些困惑。所以每天早晨6~7点，我都会从家长们给我留言的问题里挑两个比较典型的进行回答，日积月累，关注我微博的家长越来越多，慢慢地粉丝就有了几百万，而且非常活跃。如此一来，我更新微博的动力更强了，这一坚持就是十几年，到现在它已经成了我生活的一部分，每天早晨如果不发两条微博，我就感觉这一天好像没有正式开始。

微博"玩"久了，我就发现一个很有意思的事，在留言和私信里每天都能收到很多大便图，简直是"味道满满"。而围绕这些照片，家长提的问题也是五花八门，除了关心大便的颜色是不是正常，对排便量也是充满了担忧。可以说是孩子拉得多了着急，拉得少了也着急；孩子排便间隔长担心，一天拉好多次也担心；孩子大便太干了紧张，太稀了更紧张……反正，我感觉只要这大便不是金黄色、香蕉状，家长就会感觉整个人都不得劲儿。

被大便"逼疯"的妈妈

如果说我在微博上收到 "大便问题"还算是隔着屏幕体会家长的焦虑，那么现实中的担心就更直接了，可谓"声情并茂"。有一天，下午1:30的第一个门诊，我和助手黄大夫已经等在诊室里，护士进来报告查体结果："父母带孩子来看诊，男宝宝，6个月26天，妈妈主要是想解决孩子大便的事，但具体是什么问题，没有详细说明。"然后这一家三口被引了进来，小男孩大概有点儿认生，一直像个小树袋熊一样吊在爸爸脖子上。一家人落座后，我例行向家长询问了生产方式、喂养方式、睡眠情况等，也看了孩子的生长曲线，体重出生时在60百分位，目前在75左右，身长出生时在65百分位，目前接近70，长得不错，查体结果也很好。

然后我问妈妈："您还有别的什么担心吗？"妈妈不好意思地笑了一下，掏出了手机，看看我又看看黄大夫，说："您看，这个点儿，都刚吃完饭，可是……"我想起了护士刚才的交代，心想难道要展示大便的照片了？果然，这位妈妈打开了照片簿，满屏都是！看看拍照的日期，每天的大便都有"留念"，而且有时候一天还拍好几张。一向不苟言笑的黄大夫，都罕见地露出了惊奇的表情，把佩服写在了脸上。

看到我俩的状态挺放松，妈妈话也多了起来，开始解释自己的焦虑。她从一个月前的照片开始翻着给我们讲，比如某天孩子的大便颜色发绿，某天有奶瓣，过了两天的便看着又偏稀，转天大便好像又比较稠了，那么前一天的孩子的稀便算不算拉肚子呢？她也不清楚，而且就算是稠，看着也比同事家孩子的大便稀……诸如此类的问题，越搞不明白就越闹心，这位妈妈最后举着满屏的大便问我："崔大夫，他这大便总这么隔三岔五地出问题，您说到底是怎么回事？大便总偏稀，是不是习惯性腹泻呀？"

我一听就笑了，赶紧告诉她习惯性腹泻虽然确有其病，不过这种病大多是工作压力大、大脑过度疲劳引起的"肠脑轴"失调引起的，一般白领人士最容易得，6个月的小宝宝出现这个问题确实不太可能。那孩子的大便怎么会偏稀呢？其实原因在于母乳喂养。这位妈妈也说，她用来做比较的那位同事家的宝宝主要吃配方粉，而母乳和配方粉在成分上有个很大的差别，就是母乳里有大量的人乳低聚糖。这是一种纤维素，没法被人体消化吸收，可以直接进入结肠，被其中的细菌败解产生一定的水分，也恰恰是这些水分的作用，让母乳喂养的宝宝的大便看上去偏稀，排便次数也相对多一些。所以民间还有个说法叫作"母乳性腹泻"。相信大家明白了这个原理之后，就不难理解这个说法其实是不存在的。因为这种大便偏稀并不是腹泻。

排绿便、拉奶瓣，孩子生病了？

还有，宝宝大便发绿，或者其中有奶瓣又是什么原因？我接着给这位妈妈解释，其实从根本上来说，这种情况和宝宝胃肠道的消化吸收功能有关系。一般影响宝宝胃肠道消化吸收的常见因素有两个，其一是过度喂养。这种情况在小月龄宝宝里特别常见，孩子一哭家长就担心是饿，赶紧喂奶，吃上了奶的宝宝因为被安抚了，大多都能平静下来。家长一看孩子吃了奶就不哭了，于是坚信哭就是"饿"闹的，没有别的原因。一来二去，孩子就被过度喂养了，得到的营养物质远远超过了自身所需要的量，这无疑给消化系统增加了负担，加上小婴儿胃肠道还没发育成熟，那些没能被完全消化吸收的营养物质就会随着大便排出来，也就成了家长肉眼可见的绿便、奶瓣。

影响宝宝肠道消化吸收的第二种可能性就是宝宝腹泻了。这种情况下，即便家长给他提供了足量的营养物质，但是肠道在腹泻期间蠕动过快，会导致这些营养物质来不及被完全消化吸收就已经代谢掉了，宝宝的大便就成了绿色或混杂有奶瓣。当然，家长不能单纯看到孩子大便稀就下结论说他腹泻了，腹泻的判断标准是和通常情况下比，大便次数明显增多、性状明显变稀，这两条得同时满足。上文也说，一般喂母乳的孩子本身大便次数就偏多，性状也相对比较稀，所以判断腹泻需要强调"对比"这件事。家长需要仔细观察孩子的大便情况是否存在变化的过程，如果没有，就是正常状态下的"多"和"稀"，如果有了大改变，就要警惕孩子是不是腹泻了。

听完我的解释，妈妈终于踏实了，而且大概明白毛病出自哪里了，宝宝八成就是"吃多了"。据妈妈说，她的母乳特别充足，家里老人又听不得孩子哭，所以但凡是孩子有点儿吭吭唧唧不高兴，母乳立刻就供应上了。我也提醒这位妈妈，千万要调整喂养方式，否则瞅着孩子的大便感觉闹心事小，将来小家伙体重超标了事大。从目前的生长曲线看，身长和体重的增长速度还算协调，但是体重明显已经有赶超的趋势了。妈妈真的需要特别注意控制，一是不要再过度喂养，二是让孩子平时多动起来。

既然说到了绿便，我不妨再多列举两种情况。有些牛奶蛋白过敏的宝宝，需要吃部分水解配方粉，也会拉绿便。这是因为部分水解配方粉在加工时，对蛋白质等物质进行了提前分解，这步操作其实相当于预消化，目的是为了帮孩子更好地消化吸收。但是如果蛋白质没能完全被吸收，那么过剩的营养就会在肠道堆积，造成大便发绿。如果孩子吃的是加工更彻底的深度水解配方粉或氨基酸配方粉，大便的颜色可能会更深一些，甚至是发黑。有些孩子如果需要额外补充铁剂，那么，没有被吸收的铁元素也可能会导致大便发绿。

咀嚼不到位，大便受"连累"

估计有些大孩子的家长又着急了，说我们家孩子的大便里倒是没有奶瓣了，可是有食物颗粒是怎么回事？其实大概率就是一个原因：咀嚼不到位。比如 1 岁左右刚吃了几个月辅食的孩子，辅食的性状已经开始逐渐过渡到块状了，但是乳牙却只出了一两颗，咀嚼能力自然偏弱，吃进嘴里的食物没有办法完全嚼碎，大便里难免还有没消化完全的食物颗粒，这属于正常现象。所以我也特别想提醒那些宝宝正处在这个时期的家长们，千万别因为总想消灭大便里那一点点没消化的食物颗粒，就故意把食物做得特别烂，觉得这样就铲除了让自己闹心的根源。这么做非但不聪明，反而有可能剥夺了孩子适应和练习咀嚼的机会，所以各位家长心里需要有个预期，就是从泥糊状食物过渡到块状的食物，孩子需要锻炼的过程。

经过分析，各位家长大概也发现了，绝大多数情况下绿色、有奶瓣、有未消化食物颗粒的大便，都并不意味着宝宝出现了健康问题，过分纠结真的没有太多意义。关注孩子的健康，主要还是看他平时的饮食情况、睡眠质量和精神状态，当然更重要的还有生长曲线的走势，如果这些指标情况还都不错，那么就不用太纠结，别整天紧盯着孩子的大便不放。

让人愁到"头秃"的便秘

虽然从理智角度出发，道理很容易就讲得通透，不过"关心则乱"也是人之常情，于是我在诊室里仍然可以遇到各种关于大便的困扰和焦虑。比如有个母乳喂养的妈妈，因为孩子便秘找我，刚一落座就带着哭腔说："孩子才5个月，可是竟然得了便秘，最长一次连着10天没拉，吃了益生菌也不管用，孩子太小，药也不敢随便给她吃，自己急得整宿都睡不着，本来产后就有脱发的情况，现在好像已经快掉秃了……"说着说着，妈妈眼泪就下来了，她使劲地擦眼睛，可越擦眼泪越多，看来这一汪热泪憋得确实是太久了。

为了缓解气氛，我开始询问一些关于孩子喂养之类的问题。这位妈妈真的很棒，宝宝从出生之后一口配方粉都没吃，百分之百纯母乳喂养。而且小家伙吃得好、睡得好，看生长曲线也在沿着参考线的趋势正常增长。至于大便的性状，虽然排便间隔长，不过每次排出来的都是金黄色

宝宝5天没拉大便了！

他看起来没有什么不舒服吧，反而是你看起来又没睡好。

我急得睡不好，头发都快掉秃了。

你喂奶已经非常辛苦了，心态放松才会有好睡眠。

宝宝每天吃得好睡得好，就不用太担心。

一些家长对孩子的大便过于焦虑了。

其实不必每天盯着孩子的大便，只要孩子排便时不痛苦，大便不干结，就不用担心孩子便秘。

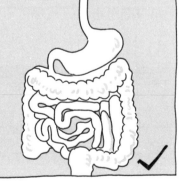

纯母乳喂养的孩子会发生排便周期长的现象。这是因为母乳容易吸收，孩子的肠道里没有什么残渣，好几天不排便是正常的。

的软便，而且排便的时候孩子一点儿痛苦的状态都没有。听完这些信息，我的心完全放下了，首先能确定的是这个孩子肯定不是便秘，为什么呢？因为判定便秘的两大要素是：排便费力、大便干结。排便间隔根本不在参考范围内，也就是说孩子虽然隔了好多天没排便，但是只要排便的时候一点儿都不费力，而且大便并不干结，就不能定义成是便秘。

那么又是什么原因让这个宝宝 10 天都不排便，把妈妈搞得焦虑到"头秃"呢？综合宝宝的生长情况和喂养情况分析，基本可以确定就是因为母乳容易吸收，而孩子本身的吸收功能也比较好，相当于吃下去的母乳都被高效利用了，肠道里并没有什么残渣，于是就出现好几天不排便的情况，也就是俗称的"攒肚"。一般这种情况会随着宝宝开始吃辅食，食物的多样性增加而消失。所以大家要知道的是，攒肚并不属于健康问题，只能算是一种现象，所以完全没有必要担心。

不过，关于大便，前面说的这些可能最多只是让人闹心，而且大部分家长在明白了其中的原理之后，心态普遍都能逐渐回归正常。但是如果发现孩子的大便里有血，能描述父母心情的恐怕就只剩下崩溃两个字了。

干货总结

母乳喂养的宝宝因为摄入大量人乳低聚糖，因此大便较稀、排便次数较多。而如果宝宝吸收较好，还可能会出现"攒肚"，只要他排便时不费力、大便不干结，就不是便秘。至于大便中的奶瓣，大多和宝宝消化吸收能力较弱有关。总之，家长不要过分担心宝宝的大便情况。

04 我的妈呀！孩子便血了！

孩子的大便里带血可是能把父母吓得魂飞魄散的"顶级严重事件"，但其实仔细研究起来会发现，大便里那些血的来路可谓是五花八门。而判断出血原因时，也需要结合各种线索，观察、推理加查证，过程堪比破案。

闯入诊所的女子和乌龙事件

有年冬天，早晨刚开诊不久，一辆疾驰而来的小汽车就停在了诊所门口，车门嘭地被推开，一个头发蓬乱的女子提着塑料袋从车里冲了出来。那天北京的最高气温0℃，9点多钟时气温显然还在零下，可是这个女子的保暖措施做得十分不到位，只光脚穿着双单薄的棉拖鞋，一身睡衣之外凌乱地裹着一件羽绒服，羽绒服的扣子都没系。

她显然已经顾不上冷了，六神无主地下车后，三步并两步就冲进了诊所，在前台从塑料袋里小心翼翼地掏出一个对折的纸尿裤，用颤巍巍的声音挤出句话："您好，我要化验大便，孩子便血了。"我们的前台客服小姑娘被吓了一跳，赶紧呼叫护士长。护士长看到妈妈的状态，感觉事态挺严重，片刻都没耽误就赶紧把她引到诊室，拿来了工具准备帮忙取便样。可是就在把纸尿裤打开的一瞬间，两个人都愣住了："咦，血怎么没了？"

据说这位本来已经近乎崩溃的妈妈当时托着纸尿裤翻来覆去地看了好几遍，一脸茫然。还是护士长比较有经验，详细询问之后才摸到点儿头绪，基本断定大便里让妈妈吓到魂飞魄散的"血"，应该是脱落的肠黏膜的颜色，属于正常现象。后来护士长给这位妈妈讲解了怎么判定那"血"是否是脱落的肠黏膜，并请她回家再观察一下，第二天护士长按照妈妈留下的电话打过去询问时，电话那边传来了略显羞涩的笑声："确实虚惊一场。"

虚惊一场的大便带血

至于假大便带血如何识破，后面再详细说，接下来先给大家讲个大便里真的有血，却依旧是虚惊一场的故事。有一天，诊室里来了个6个月大的宝宝，混合喂养，妈妈主诉一个月前发现孩子的大便里有血，是真真正正鲜红的血丝，妈妈怀疑孩子是过敏，就带着他到处做了很多检查，虽然没有明确的结果足以下诊断，但是为了保险起见妈妈还是把奶粉换成了氨基酸配方粉，同时因为还要喂母乳，她对自己的饮食也进行了严格控制，可孩子还是隔三岔五地便血。用妈妈的话说："每次打开纸尿裤的瞬间，我的心都提到嗓子眼儿，生怕又看见红血丝。"

从这位妈妈提供的大便照片里可以看出来，血是浮在大便表面的，而且呈鲜红色，这个信号就提示我们，出血的位置大概率不在肠道，反而更像是肛裂造成的。果不其然，给孩子查体的时候，我把他的肛门扒开，发现一共有三个小裂口，有的裂口上是鲜血，有的裂口上的血已经凝固成了深红色，很明显，有新鲜血的伤口就是这两天刚出现的肛裂，而那些血色已经变成暗红的裂口，就是旧伤口。这也就是妈妈会主诉孩子有不规律便血的原因。

我让妈妈来看这些肛裂的小口，告诉她这就是作怪的元凶，如果以后大便里再有血丝，自己在家也可以扒开孩子的肛门检查。眼见终于找到了出血的原因，而且并非是过敏，妈妈也如释重负，不过她特别不能理解的是这肛裂的伤口看起来这么小，感觉流不了多少血，但为什么有时大便里的血丝量挺多呢？其实，我们查体的方式只能确认是否存在肛裂，并不能搞清楚伤口的严重程度，因为虽然肉眼可见的口子长度不是很夸张，但肛裂的裂口往往是开放的、纵向锥形的，也就是说很可能口子看起来不长，但裂得很深，这种情况下自然出血量会多一些。

我也提醒这位妈妈，没必要弄清楚这口子到底有多深，也千万别好奇心太强，不然为了一探究竟用力扒开肛门，很可能会导致伤口更大更深，让肛裂的情况变得严重。而且，只要确认了孩子是肛裂，无论伤口是深是浅治疗方式都是一样的。不过新的疑惑又来了："孩子的大便一点儿也不干，更没有便秘，肛门的这些小口子是怎么弄的呢？"

其实吧，这又是一个"孩子不是缩小版的成人"的典型例子，小婴儿的肛门情况和咱们成人是不一样的。首先他们的肛门括约肌比较僵硬，排便的时候也不太会掌握力道，就导致肛门很容易被撑出裂口。要是打个比方的话，可以想象成让水以很快的速度冲过塑料膜上的圆孔，水流很可能就会把圆孔的边缘撑破。虽然水原本很柔和，但是只要条件成熟同样会很有冲击力。还有一个情况是，婴儿的肠道里气比较多，排气的时候也会产生爆破性的作用，从而给肛门撑出裂口。所以说，小婴儿即使没有便秘，也有可能出现肛裂。而1岁以上的孩子，肛门括约肌基本上已经成熟了，那时候再出现肛裂才往往跟便秘有关。

锁定血便成因，试试这些方法

发现孩子大便里有血时，应该怎么判断出血的位置呢？其实一个最简单有效的方法就是观察血和便的关系。要是血液混杂在大便里，那么血很可能源于肠道，但如果血液和大便是分离的，血浮在大便表面，那么很可能是因为肛周的皮肤撕裂，也就是肛裂导致的。而且如果是肛裂造成的出血，即使孩子排的便很稀，你也会发现稀便中有红点或者小红疙瘩。

除了血和便的相对位置关系，血液的颜色也是个判断依据，一般消化道出的血到了大便里，就会呈暗红色、暗紫红色，甚至黑色。原因很简单，血液在随大便排出体外之前，因为在胃肠道停留了一段时间，暴露在酸性环境里，所以混进大便里时颜色已经很深了。还有一种极少数的严重情况，就是胃或者小肠大量出血时，血便甚至会出现红褐色，类似醋栗冻或者类似番茄酱。而肛裂出血，颜色一般都是鲜红的，而且是液态。

基本上靠这两点，家长在家里就能大致确定出血位置了，如果怀疑是肠道出血，那就赶紧带孩子去医院。但如果出血特别像是肛裂在作怪，那么家长可以先自行在家检查一下。检查方法很简单，轻轻扒开孩子的肛门确认就可以了。觉得看不清的话，可以用手电筒照一下。如果真的是肛裂，就不难发现肛门处有很小的皮肤撕裂口，可能有一个，也可能有好几个，有时这些撕裂的局部皮肤还会轻度发红或者沾着血迹。当然要是家长自己检查后，却没在肛门处找到出血位置，甚至一点儿疑似肛裂的迹象都没有，又或者说大便里的鲜血已经持续存在好几天了，而且次次排便都有血，每次还都不止一两滴，那还是得赶紧带孩子去医院。

治疗肛裂，方法极其简单

在家长确认孩子是肛裂之后，接下来就需要治疗了。方法其实很简单，而且成本极低，就是把一片黄连素泡进 250ml 左右的温水里，等药片完全溶解之后，用软布蘸黄连素水给孩子的肛门进行热敷。一次热敷差不多持续 15 分钟，每天敷一次就可以，这种方法能把可以消毒的、带有抗生素的水送到裂口处，治疗效果很明显，一般只需要坚持几天，肛门的裂口就可以痊愈了。当然了，如果孩子是因为胀气、便秘导致的肛裂，家长护理伤口的同时别忘了解决这些"问题之源"，不然肛门处旧的伤口敷好了，新的伤口还是会被撑出来。

另外，不管是什么原因引起的肛裂，家长都可以在孩子的肛周处涂上凡士林，帮助润滑肛门周围的皮肤，也能让孩子排便更容易些。有一点需要特别提醒大家，就是千万别用消毒湿巾擦肛裂的患处，消毒湿巾非但不能消炎，反而有可能对伤口形成刺激，让伤势加重。还有一点得注意，就是肛裂虽然看上去只是个小破口，但是如果护理诊治不及时，裂口一直在的话，很可能会刺激肛门出现组织增生，进而容易出现痔疮。所以说，痔疮并不一定是成年人才会有，我见过的最小的痔疮患者才两岁。所以家长一旦发现孩子有肛裂的情况，一定要早诊断、早治疗。

一眼识破，大便中的"假血"

接着说那个在寒冬里只穿着拖鞋就跑来给孩子化验大便的妈妈遇到的问题，她所遇到的大便里的"假血"到底又是何方神圣呢？其实，那个妈妈看到的准确来说是粉红色的黏液，这个黏液其实是脱落的肠黏膜细胞。可能有人又会吓一跳，肠黏膜脱落了可还了得？其实肠黏膜细胞和皮肤一样，都有代谢的过程，这些已经完成了使命的肠黏膜细胞脱落后会随着大便排出去，颜色有时候会呈粉红色，一些家长看见后就误以为宝宝便血了。

想要分辨是血还是细胞，其实有个很简单的方法，就是取一些"带血"的大便，然后把它暴露在空气中，如果过了一段时间之后，大便中红色的部分颜色变深，甚至变黑了，就说明很可能是便血，这时候最好给大便拍照，然后赶紧带着孩子去医院。但是大部分时候大便中的那些粉红色会消失不见，这就说明之前黏液里的红色是脱落的肠黏膜呈现出来的。一般来说，孩子的大便里有点儿黏液不代表他的肠道有问题，家长不用太担心。但是如果宝宝有腹泻、乳糖不耐受的情况，肠道处在损伤状态下，大便中的黏液就会相对多一些，这时就需要根据医生的建议进行对症治疗了。

取便样送化验，你的操作对吗？

想给孩子化验大便时如何正确取便样？这又得提起那位妈妈用塑料袋兜着纸尿裤直接跑来诊所的做法了，虽然她情急之下已经基本失去理智的做法可以理解，但这种做法真的不推荐。如果当时我们真的需要进行化验，那么塑料袋里的便样很可能已经不合格了，先不讨论医生是否能从纸尿裤上取到大便，单说这些样本长时间暴露在空气里这一点，就会严重影响化验结果。

正确的取样方法是：如果孩子的大便还比较成形，家长可以提前准备一个干净、干燥的密封容器和小勺，在孩子排便后，赶紧取下一点点没有接触到纸尿裤的大便，放进容器里之后迅速密封；如果孩子已经开始使用马桶了，那首先要保证马桶是孩子自己专用的，没有和家里的成人或者兄弟姐妹混用，并且马桶内壁要干净、干燥，取样时记得取没有粘到马桶壁的部分；如果孩子在腹泻，大便可能会非常稀，那么家长可以先在纸尿裤里垫块干净的保鲜膜，在孩子排便后第一时间取出，把粘着便液的保鲜膜装进干燥密封的容器里；如果孩子比较大了，可以排在马桶里，家长记得尽量取马桶里相对稠一些的便，同样要密封保存。

讲了这么多大便的问题，估计大家从一个又一个的小故事里也能发现，科学确实能帮助我们缓解焦虑，很多时候大家之所以会有各种担心，根源就是不了解，或者只是靠自己日常经验就下了结论。比如这些和大便有关的闹心事，又比如孩子趴着到底难不难受这件事。

干货总结

消化道出血时，血液会混在大便中，且大便呈暗红色、暗紫红色、黑色，或类似醋栗冻的红褐色。肛裂等外伤情况下，鲜红色的血会覆盖在大便表面。正常脱落的肠黏膜会使大便中混有粉红色黏液，黏液在空气中暴露一段时间后，会变成无色。

05 趴着真的不会压迫心肺

趴着会增加孩子窒息的概率，会压迫稚嫩的心肺，会让孩子觉得不舒服……不少家长谈"趴"这个动作就会色变，但事实上看过几个案例就会发现，有错的并不是这个动作，而是使用这个动作的场景和方式。而且如果"趴对了"，对孩子来讲还有许多意想不到的好处。

趴——大运动和精细运动的基础

我一直和家长们强调：趴是大运动的基础，也是精细运动的基础。这句话真的没有夸大其词。大家不妨放下书，找个地方俯卧片刻感受一下，是不是觉得几乎全身的每块肌肉都在用力？感受过后你肯定就更理解，趴着可以促进小婴儿的腰背、头颈还有四肢肌肉的发育了。当然，趴对于全身肌肉协调性的发展也很有利，能锻炼到孩子以后抬头、翻身、坐、爬、走的过程中需要用到的肌肉群。

那么趴着对于精细运动的帮助又是怎么实现的呢？稍微一解释大家就明白了，新生儿的小手总是攥着拳的，即使家长稍微用劲儿把小手指掰成伸展状态，孩子一定还会再攥回去，但是攥着拳头的状态下，肯定谈不上锻炼精细动作，于是想办法让孩子乐意主动张开小手就成了整件事的关键。趴着的状态下，孩子的双手为了能撑起身体，小拳头就会本能地张开，蜷缩状的手指也就舒展开了。手指张开了，孩子才能开始捏东西、拿东西、传东西……让小手越练越灵活。

所以对于足月健康的孩子来说，差不多满月以后就可以比较规律地练习趴了，当然这一切要在成年人的全程监护下，而且练习要循序渐进，单次趴的时间先从 2~3 分钟开始，等到孩子 3 个月左右时，可以延长到 15 分钟左右，每天两次。父母还需要注意选在孩子清醒、精力比较充沛的时候进行锻炼，困了、饿了、刚吃完奶时，都不是锻炼的好时机。另外，如果孩子是早产儿，或是患有先天性呼吸系统疾病，又或是生病处于危重期，都不适宜练习趴卧，操之过急开始训练很有可能引发意外，家长得格外留心。

让人纠结的趴卧练习

不过，道理虽然如此，真在每个家庭里实施起来，就会发现在现实生活中潜伏着的各种困难，而且有些造成阻碍的原因还是被幻想出来的，就像前面写到的那样，很多焦虑都源于家长的不了解或者个人的感受。再给大家讲个故事，来看诊的是祖孙三代、姥姥、妈妈和 2 个月大的小外孙女，看检查结果，孩子的生长发育情况都很好，做完养育指导之后我照例问妈妈："您还有什么担心的事情吗？"

接下来的场面就很"微妙"了，性格开朗又活泼的妈妈，好像在故意引着我说让孩子趴的好处，每到我讲的时候，她就扭头看身旁孩子的姥姥，脸上写满了"您看，您听，您信了吧？"。姥姥呢，明知女儿在看自己，但就是不肯扭头回应，有时候还故意逗逗外孙女，仿佛想缓解什么尴尬。在这样的气氛里我大概也明白了，一定是姥姥和妈妈在让孩子趴这件事上有分歧。详细一问，果不其然姥姥因为觉得趴着会压迫心脏，所以不同意女儿给孩子练趴。

姥姥操着一口东北口音幽默又朴实："我那天试了一下子，搁那趴会儿就浑身不得劲儿，那孩子能舒服的了啊？完了那天我还看新闻说，趴着憋死个小孩儿，多吓人啊你说这整的。不趴咱也不挡吃不挡喝的，非冒这险干啥？"说实话，这些担心可太有代表性了，特别是家里的长辈会觉得孩子那么小，心肺都那么娇嫩，趴着会不会把脏器压坏呀？还有就是万一引起窒息怎么办？

这种担心可以理解，但是真的没有必要，因为其实从器官所处的位置来讲，趴着和躺着是一样的，心肺等等都在胸腔里，既然躺着的时候压不到，那么趴着自然也不存在被压到的问题。我们很多成年人会觉得趴着累，是因为大家平常休息时以躺着为主，习惯了让身体背部的肌肉作为主要的放松肌肉。这种情况下翻过来趴着的时候，因为肌肉不适应，就会造成心跳加速、呼吸变快。

但是大家不妨想想，身边认识的成年人里总有一两个是喜欢趴着睡觉的，那就是因为他们从小就习惯了把身体前面的肌肉作为放松肌肉，所以保持趴这个姿势的时候就不会感觉不舒服。所以对于大多数人来说，觉得趴着难受其实主要是肌肉不适应的问题，和压迫心肺没有关系。

趴卧会导致孩子窒息？

至于趴着会引起孩子窒息这件事，其实在孩子神志清醒、家长细心看护的状态下，一般是不会发生的，除非是早产儿或者确实是生病、情况危重的孩子。家长要知道，孩子即便再小也会有自己的感觉，如果趴着不舒服，小点儿的孩子会剧烈哭闹传递信号，大些的孩子会自己调节动作和休息。总之，不太可能有孩子会趴到浑身极度不适，还会不声不响地坚持，直到引发危险状况，所以家长不用过度担心。

姥姥还有个问题是"趴着会不会憋死小孩儿"。国外确实曾经有过调查，结果显示趴着会增加新生儿猝死综合征的概率。国内也有过类似的新闻，小婴儿因为趴睡最终导致窒息身亡。不过仔细往前探一步，就会发现这些悲剧其实是有起因的，比如国外的研究结论和养育环境密不可分，许多外国孩子从出生回家起就自己单独睡在一个房间里，这种情况下危险系数确实会增高。只有几个月大的小婴儿，一旦趴着睡时被床上的毛巾、被褥捂住口鼻，自己又还不会翻身，没法大幅度移动身体摆脱困境，就只能先用吭吭唧唧发出求救信号，但是动静太小的话，睡在隔壁房间的父母未必能听到，就可能引发悲剧。至于姥姥提到的国内的新闻，细查前因就能知道是因为家长疏于照顾，没有在孩子出现不适状态时及时给予帮助，才酿成的惨剧。

其实大家可以这样理解，对于足月健康的孩子来说，趴着睡本身并不是引发危险的因素，家长看护不当才是症结所在，所以我们也会建议大家，无论是让孩子趴着锻炼，还是让他趴着睡觉，旁边必须得有一个清醒的大人全程监护。你可能觉得不可思议，白天练习趴的时候有大人看护还好说，晚上如果孩子趴着睡，也得"不错眼珠儿"地看着吗，大人还睡不睡？有时候在不得已的情况下，确实需要这种极端的看护方式。我之前遇到过一个家庭，当时孩子3个月大，肠绞痛特别严重，晚上必须用趴着的姿势才能睡着，只要一帮他翻过来，不一会儿就会因为肚子胀气哭醒。无奈之下，全家4个大人一宿轮岗值班，就坐在小床边盯着孩子，一看就是3个月，到孩子6个多月的时候，肠绞痛的症状消失了，大人才开始睡上踏实觉。

听完我讲的这些事，姥姥说"终于整明白了"，我们平时鼓励的是趴卧的练习，而可能增加风险的是趴卧睡觉，在非必要的情况下，其实没必要让孩子一定趴着睡。另外，无论白天还是晚上，只要孩子在趴着，旁边就必须有一位清醒的大人严密地监护来确保安全。而且我还提醒姥姥，练习趴的时候最好选择比较硬的平面，可以在孩子面前放一些玩具来和他互动。

追赶大运动发育，从"上个动作"开始

最后，姥姥说终于不再怵让孩子趴这件事了，回家就让外孙女开始练，不过离开诊室之前她好像又忽然想起了什么："崔大夫，趴到啥时候就不用怕憋着了啊？"我一听就笑了："等到孩子能自己翻身就行了。"原因很简单，孩子都能自己翻身了，如果觉得趴着不舒服，自己就翻过来躺着了啊。这件事也可以反过来说，要是孩子还翻不过来，那就得接着练趴。这又是为什么呢？之前有个家长也一脸疑惑地问过我同样的问题。

这位妈妈说孩子快5个月了，但是还不会翻身，全家人都很着急，在家拼命帮助孩子练习却收效甚微，无奈之下只好来找我。我给孩子做了常规体检，发现小家伙其实能从平躺翻成俯卧的状态，但是因为颈背部力量不足，确实翻的时候很费劲。孩子大概也是因为没有成就感，所以练习翻身的时候很不情愿，不是很配合。在确认过孩子确实没有健康问题之后，我告诉家长"回家让他规律练趴"。同行的奶奶听完医嘱一脸疑惑："啊？练啥？"我能理解这个困惑，孩子明明是不会翻身，放着这件事不管了，却让孩子练趴，这是怎么回事？

诸位莫急，我慢慢解释。我们都知道，每个宝宝的生长发育起点不一样，各项能力在发育的过程中也有各自的节奏，不过总体来讲大

运动发育是遵循一个先后顺序的，就是老话常说的一举胸、二抬头、三翻、六坐、七滚、八爬、十二走……虽然这个口诀里提到的时间点大家可以不必太过纠结，按照时间表去苛求孩子"完成任务"，导致揠苗助长还给自己徒增焦虑，但是动作顺序规律是可以参考的。

也就是说，每个孩子都是前一个动作熟练掌握了之后，才能开始进入下一个动作的练习，这是因为前一个动作练到的肌肉群会成为开始尝试下一个动作的基础，然后孩子就会随着全身各处肌肉力量的增加和身体协调性的不断提高，自然而然地掌握新的大运动技能。大家可以理解为，孩子因为二年级的基础没打好导致他听不懂三年级的数学，这时候你如果想补课，该从哪个年级的数学补起呢？奶奶想都没想说："得先学二年级的呗。"嗯，这就对了嘛！大运动的学习是相同的道理。

大运动发育，尊重孩子的发展规律

最后想提醒大家的就是，大运动发育是一个水到渠成的过程，不需要刻意地去训练和干预。家长要做的就是了解并且尊重孩子的发展规律，一方面避免自己揠苗助长，另一方面也能在发现异常的时候及时干预。除此之外要做的就是给孩子提供安全、舒适的环境，让他能够尽情练习，同时再带着充分的耐心，陪伴孩子一起去见证一个又一个成长的里程碑。

解决完这个诊室里的二号常见纠结问题，我再分享一个荣登"最令家长纠结的三件事"榜首的问题——补钙。

干货总结

趴是一切大运动的基础，也是精细运动的基础，这个动作并不会压迫孩子的心肺。另外，足月健康的孩子，练习趴卧时全程有成人在旁看护，出现危险的概率非常小。在孩子能自如翻身前，常规不推荐孩子以俯卧姿势睡觉，如特别必须，睡眠全程都要有密切监护。

06 为何孩子这么容易"缺钙"？

孩子成长发育过程中，总会时不时出现一些让家长感觉困惑的现象——并非疾病，却又让人感到担心。一时不清楚症结所在的情况下，"缺钙"似乎就成了万能答案。那么，孩子真的那么容易缺钙吗？还是说，很多时候我们只是让"缺钙"当了背锅侠呢？

困扰无数家长的"国民问题"

如果认真地做统计，我敢肯定"钙"这个字在日常看诊的过程中，被提及的概率没有100%也得有95%，当真能成为"最令家长纠结的问题"。其实钙能有这样的热度也可以理解，毕竟在我们惯常的认知里，钙和骨骼健康、长高个儿有着密不可分的关系。于是日常生活中，家长们的神经也就被"这情况是不是缺钙"和"补哪个牌子的钙好"这两个问题牵动着。也正是因为被过度关心，使得太多的问题都莫名其妙和"缺钙"挂上了钩，比如家长看孩子晚上睡不踏实，觉得这是缺钙引起的；发现孩子枕秃了，也要怀疑他是不是缺钙；孩子趴着不会抬头，就担心孩子骨头太软了，是缺钙……诸如此类的担心，真称得上是此起彼伏。

但是在物质条件极大丰富的今天，孩子真这么容易缺钙吗？我觉得不如像破案一样，把容易被扣上缺钙帽子的几大现象都跟大家聊一聊。首先就来说睡觉不踏实到底和缺钙有没有关系。有时候，孩子会在夜间熟睡中突然惊醒、哭闹，特别是小月龄的宝宝更容易出现这种情况，虽然没什么依据，不过很多家长就认定这是缺钙在作怪。可事实上，引起这个问题的常见原因有三个，没有一个和缺钙有关系。

孩子肠绞痛、夜醒，究竟谁是"元凶"？

对于几个月大的孩子来说，夜里睡觉时突然哭闹的最常见原因就是婴儿肠绞痛。身为"过来人"的家长肯定都很熟悉了，肠绞痛一般从孩子出生后2~3周开始出现，在傍晚或者夜里症状更明显。家长能感受到孩子频繁排气，哭闹得比较厉害。但其实，肠绞痛属于成长过程中的自然现象，如果孩子的各项生长发育指标都正常，就不用太过担心。

至于小宝宝为什么会出现肠绞痛，最主要的原因就是新生儿的大脑没办法很好地控制消化道的协调，同时胃肠发育又不成熟，就会使得每段消化道的运动速度都不一样，肠子之间互相牵拉，产生"绞痛"。这么一看，"肠绞痛"还真是从字面意思就能理解了。另外，孩子吃奶时吸进了太多气体或者消化不良时也容易发生肠绞痛，但这些确实都和缺钙无关。

另外，如果宝宝是母乳喂养，妈妈晚上和孩子一起睡在同一张大床上，孩子也可能会在睡眠的过程中，因为忽然闻到了妈妈身上的奶香，勾起了吃奶的欲望，开始哭。这种情况下，通常是妈妈一喂奶孩子很快就能再入睡，简单来说就是需要安抚，仍然怪不到缺钙的头上。还有些孩子可能是因为肠胃不适，比如便秘导致的肚子胀，或者腹泻、肠道出血等，都可能会影响睡眠，这些问题的主要原因通常都是食物不耐受或者食物过敏，依旧跟缺钙没有关系。

"枕秃"这口锅，缺钙不肯背

第二个常见的会被扣上缺钙帽子的问题就是枕秃。什么是枕秃呢？简单讲，枕秃就是指孩子枕部，也就是头皮接触枕头的那一圈头发变少了。一般是在孩子2~3个月开始出现，差不多到快一岁的时候就消失了。要说这是个什么神奇的规律呢？其实是因为小婴儿出生后的头几个月里，一天中的大部分时间都在平躺，而一般孩子2个月大的时候，就能比较自由地转头了，小宝宝因为好奇又会特别喜欢左看看、右看看，一来二去，枕部的头发就这么被磨掉了，出现了枕秃。等到了孩子1岁左右，每天活动以坐和走为主，枕秃自然也就消失了。

所以如果是在那个月龄段常趴着的孩子，枕秃的问题就会相对轻一点儿，因为枕部受到的摩擦相对少一些。不过之前有个爸爸问我，说我们家孩子不怎么躺着啊，怎么枕秃也挺厉害的呢？后来我细问才知道，孩子很爱哭，所以这一天下来，孩子要么就是趴着，要么就是因为哭了被家长抱在怀里，家长的手一般托着孩子的头，时间一长，孩子的头发没在枕头上蹭掉，反而在家长胳膊上蹭没了。所以说，能让孩子"秃"的不一定只有枕头，还有可能是家长的胳膊，但无论是什么原因，需要背锅的基本都是摩擦这个动作，而不是缺钙。

"骨头软"、出牙晚，补钙管用吗？

有些孩子两三个月了还不会抬头，家长也会慌，认为这是"骨头软"造成的，需要补钙。其实，前文说过，不仅是抬头，包括日后的坐、爬、站、走这些大运动发育，大多是和肌肉力量有关系，孩子的肌肉力量不足，导致他没办法完成某个动作。

我们拿"站"来说，如果孩子真的是因为"骨头软"站不好，那么他站起来时，身体会因为没有足够坚硬的支撑，无法一直保持笔直的状态。但实际生活里，那些家长认为不会站的孩子借助外力站起来之后，我们会发现他的身体也是笔直的，这就说明孩子的骨头本身没有问题，只不过因为肌肉力量不足没法长时间保持站立的姿势而已。

有些家长认为我说的运动能力和肌肉有关，的确如此。那出牙晚总该是因为缺钙了吧？毕竟钙除了沉积在骨骼里，就是支持牙齿的生长，牙不出来那就说明钙不够呗。虽然这个推理看起来不像是空穴来风，但不得不说，出牙早晚确实和缺钙扯不上什么关系。首先，需要明确一点：孩子满13月龄还没有牙齿萌出，这个才能被判定为出牙晚。所以对于"晚"这件事的定义，家长的态度首先就得端正起来，不少父母的孩子明明刚七八个月大，可他们看到邻居家同龄的孩子出了牙，自家宝贝嘴里还空空如也，就开始犯愁；又或者因为人们总习惯说孩子6个月左右开始出牙，所以父母一旦到了6个月没看见牙的踪影，就会急得不得了，琢磨着给孩子补钙。

其实，孩子出牙早晚主要取决于遗传因素，也就是说，爸爸妈妈小时候几个月出牙，孩子差不多也在这个月龄出牙。当然，所有事不会只受一种因素影响，孩子出牙早晚也和牙龈是否接受了足够的刺激有关系。这又是什么道理呢？其实，我一直在用"出牙"这个词，而没有说长牙，真不是为了咬文嚼字，而是因为出牙和长牙根本就是两件事。

很多家长都会把"出牙"和"长牙"混为一谈，但实际上这是牙齿发育的两个阶段。新生宝宝的牙床虽然看起来光秃秃的，但其实早在胎儿期的时候，他的嘴里就发生着神奇的事情——牙胚已经开始发育了，到了宝宝出生时，他的牙龈内部已经存在乳牙和恒牙两层牙胚了。所以其实宝宝出生之后，是在慢慢等待已经存在的牙胚顶破牙龈，而牙齿的萌出又是刺激性生长，经常磨牙就有助于刺激牙齿"露头"。这就是为什么很多家长开始意识到要给孩子吃磨牙棒，孩子在啃咬的过程中，牙龈接受了足够的刺激，乳牙就相对容易萌出了。

所以说，孩子出牙早晚和是否缺钙没有关系，主要是和遗传还有牙龈是不是接收到了足够的刺激有关。如果孩子真的缺钙，在牙齿上的表现不应该是不出牙，而是乳牙的牙质不好。不厌其烦地再提醒大家一遍，每个孩子都有自己的发育规律，出牙时间的早晚同样也有很大的个体差异，所以家长千万别盲目地判定孩子出牙晚，更别总和周围同龄的孩子进行对比，徒增不必要的焦虑。

汗多、骨密度低，还说和缺钙没关系？

再讲"出汗多"这件事，很多家长一看孩子头上总是汗津津的，就会想，几个月大的孩子，天天躺着也没有什么运动量，怎么会出这么多汗呢？绝对是"缺钙"搞的鬼。这真的又是误判了，小婴儿容易出汗是因为他的自主神经发育还不够健全，控制出汗的能力没有成人强。这个自主神经和出汗之间有什么关系呢？举个例子大家就容易理解了，成年人在突然受到惊吓的时候，可能会被吓出一身汗，而这时候往往环境温度并不高，所以就说这是"冷汗"，冷汗就是人体自主神经受到刺激导致的。再加上小婴儿身上的汗毛孔还没有被打开，几乎都是从头上出汗，所以虽然汗量并不多，但都集中在头上，看起来总是大汗淋漓的，会让家长误以为出了很多汗。

估计有人会说，以上那些事儿不是因为缺钙我都接受，但是孩子骨密度低，这一定是缺钙的原因吧。检查都说孩子的骨头里钙少了，还不能证明一切吗？先别着急下结论。骨骼里确实最主要的成分是钙质，如果骨密度低，自然代表缺钙，这么想好像很顺理成章。可是，还有一点大家忽略了，那就是孩子正处于生长发育的阶段，而在这个特殊时期里，恰恰正是因为骨密度低，才能保证有足够的空间让钙填充进去，而在钙刚刚填满的时候，骨头又拉长了，这时候再测骨密度自然又有点儿低了。

这个过程我总和盖楼类比，盖房子就是先搭架子，架子搭好之后再一层一层地砌砖。架子搭得越高，空间越大，才能砌更多砖进去。如果骨头不再拉长，没有空间留给钙了，骨密度监测显示孩子不再"缺钙"，那么也就意味着孩子的骨头不再长了，这是不是个坏消息？所

这几天，孩子晚上总睡不踏实。

肯定是缺钙闹的！听我的，给孩子补钙就对了！

检查结果说宝宝的骨密度低。

儿科

骨密度低？缺钙啊！

宝宝怎么还不长牙呢？是不是缺钙啊？

家长不要动不动就给孩子扣上缺钙的帽子，很多"症状"其实是孩子生长发育过程中的正常现象。

即使骨密度低也不能说明缺钙，健康的孩子只要每天喝奶量正常、饭量正常，一天吃的东西营养搭配又合理，就已经能从食物里摄入足够的钙了。

"缺钙"似乎成了困扰无数家长的"国民问题"。事实上，孩子晚上睡得不踏实很可能是因为肠胃不适，孩子的出牙早晚主要看遗传，孩子在生长发育期骨密度低很正常，根本没必要测试……

孩子真没那么容易缺钙，家长需要注意的应该是让孩子摄入足够量的维生素D，帮助钙更好地被吸收利用。

维生素

钙

D

以理一理思路，骨密度低正是说明孩子最近长得比较快，从这个角度来讲，它恰恰是孩子快速成长的信号，是好事而非缺钙。

佝偻病的全称，原来是这个！

20世纪50年代左右，我们的生活水平普遍比较低，孩子们的确会因为摄入的钙质不足而得上佝偻病，也是因为这个历史背景，所以一说到佝偻病，家长的第一反应就说"缺钙了"。但是大家忽略了一点，钙能沉积到骨骼里需要维生素D的帮助，而现在全社会的生活水平都大幅度提高了，特别是在城市里，几乎所有家庭都能通过食物给孩子提供足够的钙，这种前提下佝偻病的最主要原因就变成了维生素D摄入不足，因此我们说它的全称其实应该叫"维生素D缺乏性佝偻病"。

维生素D有这么神奇吗？我们先来看看它和钙之间的关系。我们都知道，人体通过食物摄入的钙，经过消化进入血液，其中大部分会沉积到骨骼里。不知道你有没有想过，钙为什么这么钟情于骨骼，基本不去其他的地方呢？这就是维生素D在起作用。维生素D，准确地说是维生素D3推动、辅助钙到达了骨骼。因此可以说，如果人体离开了维生素D3，就很难吸收钙了。

也就是说相比"补钙"，我们更该关心的是钙有没有完全被吸收。如果说钙在身体里没有得到充分的利用，那么即使摄入再多也没有用。所以说，相比把心思花在补钙上，家长更该操心的是给孩子补充维生素D来促进钙的吸收。那么怎么能判断孩子是不是缺乏维生素D呢？其实方法特别简单，取手指的末梢血检测一下，就能知道孩子体内的维生素D水平。

维生素 D 虽好，摄入量也有讲究

知道了维生素 D 的重要性之后，也就不难理解我们为什么建议纯母乳喂养的孩子每天坚持额外补充 400 国际单位的维生素 D 了。满 1 岁之后，孩子每天的维生素 D 摄入量要保证在 600 国际单位。不过有件事大家得特别注意，这个 400 和 600 都是指一天的总摄入量，而不是额外的补充量，比如纯母乳喂养的孩子，母乳中维生素 D 含量很低，可以约等于摄入为零，那么孩子 1 岁以前就需要额外补充 400 国际单位。但是如果孩子吃的是配方粉，现在很多配方粉里都已经添加了维生素 D，那么再给孩子额外补充的时候，就得减掉从配方粉里已经摄入的部分，毕竟补充这件事不是多多益善，维生素 D 是脂溶性的，长期超剂量摄入会中毒。

还有件事情要提醒家长们，就是国际单位的符号是 IU，有的维生素 D 补剂上标注的是 μg，也就是微克。就是 1 微克 =40 国际单位（1μg=40IU），各位在给孩子补充的时候，千万看好你选择的产品是什么计量单位，如果是微克，做好换算再给孩子吃。除了换算要清楚，营养品中的成分大家也需要看清，不然仍然可能出乱子。

之前遇到过一个带孩子来体检的爸爸，原本是想吐槽妈妈给孩子准备的营养补剂太多，现在妈妈出差，他自己在家带孩子，都弄不明白每天哪种营养品吃过了，哪种没吃。可是我听着听着却发现了另一种异常，孩子吃的这三种补剂里都有维生素 D，按照这个吃法，每天摄入的维生素 D 加起来得有 1200 国际单位了！所幸孩子吃了没有多久，超的量也不是太多。我们说长期过量服用维生素 D 会中毒，一般是要到连续好几个月每天摄入超过几千 IU 这种程度。我告诉那位爸爸，孩子现在没事，所以心里也别恐慌，但是以后给孩子吃任何营养剂，千万记得看清成分、算好计量。

放宽心，孩子真没那么容易缺钙

其实又说回了"自然养育"这件事。如果孩子每天喝奶量正常、饭量正常，一天吃的东西营养搭配又合理，那除了维生素 D，真的不需要额外再吃什么补剂了，尊重生长规律、顺其自然多好呀。

再给大家画一次重点，健康的孩子只要日常饮食结构正常，就已经能从食物里摄入足够的钙了，大家真的不用三天两头疑心孩子缺钙，或者变着花样给孩子找补剂吃，与其总琢磨怎么给孩子额外补钙，真的不如好好研究一下日常菜谱，看怎么通过食物让孩子自然地保证钙的摄入量。

干货总结

身体健康、饮食正常基本不会存在缺钙的问题，家长需要关注的是维生素 D 的摄入量。至于常和缺钙挂钩的夜醒、汗多、枕秃、抬头晚、出牙晚、骨密度低等情况，大多与养育方式有关，或是成长过程中的自然现象。

07 "吃"这件事可不简单

很多家长觉得，只要孩子把准备的食物都吃下去，进餐工作就算大功告成。但其实仔细研究起来，关于吃要关注的事可以说是非常繁杂，不仅限于食材的营养价值和合理搭配，加工方式的讲究、进餐习惯的培养等问题也都要顾及。

一不小心就跑偏的关注点

我和许多家长第一次说这个观点的时候，对方都有特别强烈的共鸣，大家都觉得给孩子做饭实在是太麻烦了，研究食谱、采购食材。虽说孩子吃的量少，可做的时候还不能偷工，步骤比准备年夜饭还麻烦。让孩子吃下去就更费劲了，除了妈妈负责喂，还得爸爸唱歌、奶奶跳舞、爷爷打鼓搞气氛，这孩子吃顿饭得全家上阵锣鼓喧天，确实不简单。

我之前遇到过一个家庭，小男孩2岁半，用妈妈的话说就是"干啥都能第一名，唯独吃饭不太行"，无论怎么变着花样换菜谱，孩子就是对吃饭提不起兴趣。奶奶心疼孙子，于是每天端着碗举着勺追着喂，一顿饭吃下来，祖孙两个人就像打仗一样，碗里的饭却不见少。奶奶的心态倒是挺好，跟我说："这一天跟着俺大孙儿三趟跑，自己的腿脚倒是灵便了不少。"当然了，全家人也都着急，孩子不肯好好吃饭，影响了生长发育怎么办？让孩子吃口饭确实不简单！

听着大家关于孩子吃饭的这些苦恼，我真的很理解。不过坦白来讲，大家的共鸣确实有点儿跑偏，我想跟大家强调的这个"不简单"，是说吃不仅仅是帮助孩子摄入营养，它和发育也有关系，比如培养孩子的专注力、促进手眼协调、锻炼精细运动能力等。这么说并不是故意炒概念，孩子如果能对食物感兴趣，吃饭的时候自然会专注在食物上，一顿饭最起码要吃 5~10 分钟，对于一两岁的孩子来说，能持续这么久关注一件事情，是不是非常了不起？孩子在自己吃饭的过程中，眼睛和手协调配合，饭才能成功被送进嘴里，而抓着吃手指食物的时候，小手拿、捏、抓这样的精细动作也得到锻炼了。

每个家长都该记住的数学题

要是从这些角度想，说到孩子的吃饭问题，家长的注意力确实不应该只盯着千方百计地让孩子吃完饭这一点上。而且还有件更重要的事，就是注意力如果都放在"饭量"这一个项目上，或许会得不偿失。我给那位奶奶算了笔账：为了计算方便，先假设孩子一顿饭能得到 100 卡的热量，但是因为吃东西的时候身体在做功，所以每 10 分钟就会消耗掉 10 卡，要是孩子边吃边玩，那消耗的热量会更多，也许每分钟的消耗升到了 15 卡。再假定孩子如果踏踏实实吃饭，半个小时就能吃完，可是如果他边吃边折腾，那吃饭的战线拉得就比较长，我们暂定为 40 分钟。

接下来，计算的时间到了，好好吃饭的孩子从食物里获得 100 卡，吃了 30 分钟，一共消耗了 30 卡，最终相当于吸收了 70 卡热量。但是对于边吃边玩，甚至是吃饭时"练体育"的孩子来说，40 分钟要消耗 60 卡热量，最后他只吸收了 40 卡热量。两种情况下孩子吃的食物一样多，吸收的热量可差得远了。奶奶听完一拍大腿："嘿！你说这事儿闹的，我这合着逼着我家大孙儿边吃边减肥。"

进餐的氛围，你关注过吗？

算完这道题，奶奶终于认可让孩子在固定的地方，集中注意力吃饭太重要了。不过问题并没被完全解决，毕竟家人对喂饭的意识改了，可孩子不好好吃饭的问题还在。我继续给这家人支着：营造合适的进餐氛围。第一件事就是得找个合适的喂养地点，奶奶一听有点儿不理解："孩子觉得哪儿舒服，就让他在哪儿吃啊。"我赶紧叫停，因为其实很多时候，可能恰恰就是这种"在哪儿吃都行"的想法成了干扰孩子好好吃饭的因素。

那该选在哪儿合适呢？其实我建议喂养地点最好就是大人吃饭的地方。原因很简单：熏陶。大人平时在这里吃饭孩子都能看到，慢慢地他就会把地点和吃饭这件事联系起来，轮到他自己吃饭的时候，因为处在一个平常总看别人"吃饭"的环境里，他很自然地就想起要吃饭这件事情了。但是想想咱们日常喂饭的场景，很多孩子吃辅食的地点是不固定的，可能在任何地方，比如床上、游戏区、地垫上……很多家长觉得孩子边吃边玩，还能多吃两口，而且不管怎么吃的，只要把饭吃光就算成功。但是前面也算过了，吃饭状态不一样，孩子摄入的热量情况肯定也有差异。虽然孩子三心二意地把饭都吃下去了，营养却不见得都被充分吸收利用了。

营造进餐氛围的第二个关键就是要全家共餐。家长千万别总想着让孩子先吃完，自己才能好好吃饭。其实，最好的状态是家人和孩子一起吃，为什么非得坚持这一点呢？请换位思考一下，如果你一个人吃饭，其他人围成一圈盯着你看，你会是什么感觉？还能踏实吃下去吗？还有的时候，大人会用唱歌、跳舞吸引孩子的注意力，另一个"队友"趁孩子不注意，往他嘴里塞口饭，然后庆贺喂饭成功全靠默契配合，但是大家想想，如果你是孩子，心里会是什么感受，吃个饭还得被套路，简直太烦了！

饥饿，是最好的开胃药

道理都明白了，但是孩子已经不好好吃饭了，该怎么办呢？那位奶奶也问了我这个问题，我的答案特别简单：饿着！真不是胡说，因为这招在我儿子身上奏效过。当年，儿子出生后不久，我先是被儿童医院派到香港学习了一年，回来后不到一个月，又被派去西藏援藏一年。在这两年的时间里，夫人经常带着儿子回岳父岳母家住。那个年代的老人，隔辈儿宠得更厉害，加上我有两年基本没在家，姥姥姥爷就觉得外孙见不到爸爸太"可怜"，所以宠又加了个"更"字。夫人再有原则，也有点儿心有余而力不足，而且别的事还都好说，待人接物、行事规矩上，老人虽然宠，但该有的规矩和家训也都会坚持，可唯独吃这件事上完全没道理可讲。

于是，我从西藏回来时，儿子变成了一个不折不扣挑食的小孩儿，青菜几乎一口不吃，蘑菇、茄子这些菜要哄着才能吃上几口，一日三餐完全是敷衍，然后就陷入了"正餐不够，零食来凑"的恶性循环。我观察了一整天，发现儿子做别的事时都挺听话懂事，但只要一到吃饭就"变身"，简直是谁也抗不过的任性。我有点儿挠头，这可怎么办？当时正好院里给我放了两周假，算是援藏回来的休整期，我想着先把儿子吃饭挑食的事解决了。第一招就是跟儿子讲道理，搞个"男子汉之间的约定"，但是根本没用，3岁的小男孩，牛脾气上来了，谁也拦不住。

当天晚上，家里人都睡了，我还在琢磨这件事，时间不知不觉就到了 12 点，突然间我闻到一股饭香味，不知道谁家在做消夜。这股味道把我的饿劲儿勾上来了，我悄悄溜进厨房，但现实太残酷了，冰箱里只有剩米饭。我想要不要开火摊两个鸡蛋下饭，但又怕吵醒儿子和夫人，纠结了两分钟还是决定放弃了，但是饿的感觉越来越强烈，我就用热水把米饭和开，想就着咸菜凑合垫一口，吃个半饱就赶紧去睡。可能因为我太饿了，竟然觉得这开水泡饭格外地香，后来我又往咸菜里加了两滴香油，吃着更带劲儿了。一碗稀饭下肚之后，我又冲了一碗，剩米饭都被我消灭了。吃着吃着，我灵感突然来了，这不是有招儿了吗，儿子不爱吃饭，那就饿着他啊！

"戏精"上线，搞定挑食小孩

当然了，这个挨饿的场景得自然点儿，第二天我就拉着儿子出去了，我说爸爸带你去游乐场，夫人给准备了个小包，有零食和水果，我故意给"忘"在家了，俩人只带了个水壶就出门了。一通疯玩之后，儿子说："爸爸我饿了。"我一拍大腿："哎呀，你看爸爸这个记性，妈妈给你准备的零食忘了带了，怪我怪我。"那个年代，买东西也没那么方便，我带着他在游乐园里象征性转了一小圈，没看见小卖部，自然也没买到补给。

儿子倒是通情达理，大概是看到我"自责"还有"努力"帮他找零食的样子，也没闹脾气，就使劲儿喝水。但是水哪儿管饱，我故意拉长了一点儿战线，玩儿到快一点钟才回家，夫人已经做好了午饭，儿子进门之后，二话不说先吃了一满碗饭，我故意给他碗里夹了青菜和肉，儿子都没仔细分辨就给吃下去了，夫人在一旁看得发呆。一碗吃完，儿子还要再添一碗饭，我乘胜追击，说下午咱们还要踢球去呢，你吃得太饱该踢不动了，吃过饭休息了一会儿，我夹着水壶，带着只吃了八分饱的儿子又出门了。

当天的晚饭，不用说，儿子又是一顿狼吞虎咽，夫人问我这是什么情况，我把计策跟她讲了一遍，夫人听完假装找零食那段故事差点儿笑出眼泪。接下来的两个礼拜，我每天都带儿子出门换着花样玩，而且和夫人配合好，用各种原因保证儿子在外面没零食可以吃，后来儿子也习惯了，玩到一半就算饿了也不找我要零食吃了，就等着回家吃饭。

都说21天养成一个新习惯，两周后我要开始上班了，夫人又联合孩子的姥姥姥爷把战果巩固了十多天，一个月之后，儿子已经基本不挑食了。转眼到了9月份，他开始上幼儿园，老师的引导加上和小朋友抢着吃，吃饭的问题算是被彻底解决了。当然了，说儿子不挑食也不代表他什么都肯吃，还是有几样菜说什么也提不起兴趣，比如蒜苗、青椒、菠菜，但是这算是口味的偏好了，不能按挑食"论处"。

看待吃饭这件事要放平心态

我和夫人说，挑食是说这一大类食物都不吃，比如以前儿子所有绿叶菜都不吃，这需要干预，但是现在只剩下两三样菜不喜欢吃了，就实在没必要较劲了。换位思考一下，大人不是也有喜欢吃的菜和不喜欢吃的菜吗？有件事家长要想明白，青椒、蒜苗、菠菜可以提供的营养素，从别的菜里也能获得，所以就别再和孩子较劲，逼着他吃那些他实在接受很难的食物了。我把这个治挑食的方法分享给周围不少亲戚朋友，收到的反馈可谓屡屡奏效。所以后来一有家长问我说孩子挑食怎么办，我就会告诉他："饥饿是最好的开胃药！"

当然，让孩子体验饥饿也要讲策略，别让他有因为不好好吃饭，所以在接受惩罚的感觉。不然孩子可能一赌气，越饿越不吃。所以道理又转回来了，还是自然养育这个观点：想让孩子好好吃饭，单靠约束他的行为并没有用，还可能起反效果，要在尊重孩子的前提下，顺应他的需要，帮他制造需求，让孩子能按照自己的规律发展得更好。家长可千万别掉进那个误区：把养孩子的目的变成了满足自己。

干货总结

吃饭对于孩子来讲，不仅是摄入营养的过程，它也是促进发育的好机会，比如培养孩子的专注力、促进手眼协调能力、锻炼精细运动能力等，所以家长要善用每次进餐的机会，不要只把目光停留在让孩子把饭菜"吃下去"。

08 养孩子不是求自我满足

在中国的传统观念里，吃得香才能长得壮，于是从孩子开始添加辅食的那一刻起，"有个能狼吞虎咽吃饭的孩子"就成了几乎所有家长的梦想。愿望固然可以理解，不过这种期待引发出的"迷惑行为"可就得严肃对待了。

别人家宝宝，一顿 8 个饺子？

这句话的灵感，其实来自 8 个饺子。有一次，我去做档辅食主题的微综艺，候场时和节目组请来的嘉宾闲聊，话题自然也离不开孩子吃辅食的事情。聊着聊着，一位妈妈突然举着手机惊呼："天哪，你们看，我们群里有个妈妈，宝宝刚 7 个多月，昨天一顿吃了 8 个饺子。"果不其然，这位妈妈的手机上有张图片，是饺子刚刚包好时的状态，就是儿童水饺的大小，而且是紫色的皮，看起来是用蔬菜水和面做的。

瞬间在场所有人的注意力都被这件事吸引了，有人赞叹这位妈妈太有耐心；有人说 7 个月的小宝宝能一下吃 8 个小饺子，咀嚼能力了得；也有人佩服宝宝的饭量……正当大家纷纷感叹这遇到了一个"别人家的妈妈和别人家的孩子"时，那位负责传递消息的妈妈又爆了新的料："不对不对，饺子是吃了，不过……是这么吃的。"她再次亮出手机，大家定睛一看，然后都笑了。

原来，第二张照片里，是紫色的泥糊状食物，中间混杂着饺子馅。据说群里那位妈妈确实用紫甘蓝水和面，包了许多漂亮的菠菜肉丸小饺子，也给宝宝煮熟了 8 个，只不过后面还有一步操作，就是又用辅食机把这 8 个饺子打成了糊，然后孩子都吃了。不过在那位妈妈心里，打成糊的事可以忽略不计，四舍五入就约等于孩子吃了 8 个饺子，赶紧分享这个消息，在妈妈群里收割了一波羡慕的眼光。

现场有个嘉宾笑着说："唉，白崇拜一通，本来我都要自卑了。"其他人也笑着附和，说要是真有 7 个月的孩子能吃下 8 个饺子，那可羡慕死了。不过我却想说，幸亏这位妈妈最后把饺子打成了糊，不然可真的是不管孩子的接受能力只求自我满足了。毕竟，孩子在不同月

我昨天包了儿童饺子，我家宝宝一口气吃了8个。

宝宝好厉害！

7个月就能吃饺子了？

你真会喂孩子！

有什么喂养秘诀吗？

哈哈，秘诀就是——把饺子打成泥再喂宝宝吃！

喂养孩子可不是"作秀"哟！

孩子如果真的吃了超过自己能力的食物，反而会因为嚼不碎而无法消化吸收，影响正常的生长发育。

辅食添加应该遵循由细到粗、由稀到稠的原则，逐渐锻炼宝宝的咀嚼能力，让辅食发挥它应有的作用。

龄需要吃不同性状的辅食，大孩子吃太精细的食物不行，像前面讲过的那个都 21 个月了，说话外人基本都听不懂的小姑娘，就是因为一直只吃粥、烂面条这种食物，缺乏锻炼咀嚼的机会。而年龄小的孩子如果吃太粗也不行，很可能会因为咀嚼能力弱而导致食物嚼不碎，影响消化吸收。

厨房不是秀场，平常心态看辅食

所以我也很想借着这 8 个饺子的事情告诉大家，在给孩子准备辅食的时候，"秀"并不是主要任务，满足自己更不是核心目的，家长的关注点要放在让辅食发挥它应有的作用上。什么是辅食呢？其实对孩子来说，除了母乳和配方粉都叫辅食，无论是固体还是液体。有些家长会说，我家孩子还没吃过辅食呢，就是之前喝过一点点果汁，其实果汁也算是辅食。根据中国营养学会出版的《中国居民膳食指南（2016）》里的建议，孩子最好在满 6 月龄，也就是满 180 天时，再添加辅食。国外有些建议会早一些，是 4~6 个月，这种不同是因为地区差异。

那么给孩子添加辅食是为了什么呢？其实不仅仅是为了提供营养，还有个主要的目的是促进发育，前文也提到过，现在再详细说说。对于还没有添加辅食的孩子来说，喝奶的时候只需要动嘴，眼睛和手几乎没有什么用武之地，但是吃辅食就不一样了，孩子得用眼睛盯着食物，还得观察一下碗和勺，然后才能配合着吃下这些食物。等到孩子大一点儿，自己还要伸手去抓，然后准确地送进嘴里，这样一来，手眼协调能力就得到了锻炼。

给大家举个反例，之前有个家长跟我说，孩子一天要吃6顿辅食。怎么会有这么多次呢？原来是孩子每天要喝6次奶，每次家长都在奶瓶里加点儿米粉，觉得这样就顺便把辅食吃了，一举两得。但事实上，这么做非但没有事半功倍，还白白浪费了让孩子锻炼精细动作和手眼协调能力的机会。所以，再次提醒大家，千万别一说到辅食就只想到营养和生长，还要知道身高体重的增长和各项能力的发育是同步进行的，咱们不能只顾一头儿。

辅食添加，这些细节需注意

那么给孩子添加辅食的时候，要注意哪些细节呢？第一件事就是辅食食材应该在家长常吃的食物里选。其实这又是一个家长常会进行自我满足的重灾区，总觉得给孩子吃一些特别贵、特别新奇，甚至自己都没吃过的"高级食物"才算是对得起下一代。虽然目的是好的，但不得不说，家长的这种想法真的是有点儿一厢情愿，更多的只是让自己高兴，非但没有太大必要，有时搞不好还会有潜在的风险。每个家庭的饮食习惯其实都是世代传承的，非要在孩子身上打破常规，反而可能会让他接受困难，甚至引起过敏之类的问题。而且因为家长也不知道这种食物吃完了之后是什么感觉，所以孩子吃了是不是舒服，大人可能也没概念，出现问题就没法及时发现，最后反而得不偿失。所以说，大家给孩子选择食材的时候，不用求新、求贵，只要和自己的饮食习惯保持一致就好了。

除了选择食材的时候保持"平常心"，喂养的过程中也要讲求循序渐进，这也是辅食添加过程中第二件需要注意的事情。哪些事需要循序呢？简单来说就是辅食添加的量和种类都要从少到多，让孩子有个逐渐接受的过程，最好每添加一种新的食物，就让孩子先尝试3天，这3天里可以给孩子吃已经适应的食材，但是不要再额外添加其他新食材了。如果3天之后孩子没有什么反应，那么这种食材就可以被纳入"已接受食物清单"，可以给它颁发一个进入餐单许可证了。但是，如果说孩子在观察期内出现了嘴唇红肿、呕吐、腹泻之类的反应，那就先要先把这种食材剔除，接下来的3个月里最好不要再尝试。

第三件需要注意的事，就是辅食要遵循由细到粗、由稀到稠的变化，慢慢锻炼孩子的咀嚼能力。由细到粗怎么讲呢？就是从婴儿营养米粉过渡到碎面条，再过渡到蝴蝶面，类似这样的过程，也就是说从泥糊状的食物慢慢变成颗粒稍大一些的辅食，直到最后孩子能接受和成人的饭菜性状一样的食物。至于由稀到稠就比较好理解了，比如孩子刚开始吃的米粉，我们会多加点儿水冲得比较稀，但是慢慢地随着他咀嚼和吞咽能力的增强，我们就会把米粉慢慢变稠。有些人会问，这个变化有没有时间表，几月龄该吃稀的，几月龄该吃稠的，有标准吗？答案是全看孩子，自然养育。也就是说不能教条地去执行所谓的"标准"，而是要根据孩子的咀嚼、吞咽能力的实际情况来慢慢调整。总的来说，原则就是大家虽然要遵循这样的渐进规律，但是又没有到点要准时切换的一定之规。

最后一件关于添加辅食时要注意的事，就是想打破大家的纠结：别总盯着孩子吃的是不是和昨天一样多。大人也不是每顿饭都吃同样的量，那孩子也是一样的，可能今天他吃了大半碗，明天吃一整碗，后天只吃了半碗，但只要他高兴，没有什么不舒服就可以。孩子的胃不是汽车油箱，容量恒定，每次加油都要固定的量。所以别给孩子压力，更不要过度追求每顿都吃一样多，不然孩子可能会对吃饭心生抗拒，反倒影响生长发育。

孩子不爱吃饭，这样找原因

当时现场有个嘉宾妈妈问："崔大夫，您说的这些我都做到了，我们家孩子现在 8 个月，之前辅食一直吃得也挺好的，可是最近一个礼拜，突然就不怎么爱吃了。这是怎么回事？"其实这个问题特别普遍，让好多家长觉得苦恼，但还是那句话，真的没必要太纠结。为什么呢？因为如果孩子没有什么特别的异常，比如生病或吃完东西后表现得不舒服等，那他突然不爱吃饭的原因可能很简单，就是"吃腻了"。这事情放到大人身上也好理解，无论多好吃的东西，如果天天吃也会受不了，用北京话说就是"吃伤了"，孩子也是一样的。所以大家给孩子做辅食的时候，不要一次性做得特别多，比如觉得肉松好就做上很多存起来，每顿都给孩子吃。这样一方面孩子可能很快就会厌烦，另一方面自己做的食物，因为没有任何添加剂，保质期也短，保存不当就会出现食品安全的问题。

引起这个问题的第二种可能性，就是孩子可能某天被打开了"新世界的大门"，比如偶然尝到了甜甜的果汁，或者吃到了比平时更有滋味的饭菜，于是就不再想接受没什么味道的辅食了。所以也提醒大家，不要给孩子过早地尝试味道偏重的食物，也别让他提前吃成人的饭菜。此处还想给大家分享一个从辅食添加初期就预防挑食的小技巧，就是"混起来"。成年人常常是一口饭、一口菜这样吃，于是很多家长给孩子喂辅食的时候，也会习惯一口米粉、一口菜泥的方式，但是这无形中就是在给孩子出选择题，让他在两种味道之间做判断。所以家长在给孩子准备辅食的时候，可以把主食、菜、肉混在一起喂，这样孩子就不会产生明确的口味偏好，只吃一种食物了。

忘掉执念，关注宝宝需求

关于吃这件事，家长还是需要放平自己的养育心态，尊重宝宝的发育规律和成长状态，用自然顺应的方式养育，别把事情从"为宝宝"变成"为自己"，否则不仅会给自己增加负担，还可能让周围人焦虑。比如那个给孩子做了8个饺子的妈妈，群里就有人因为听说了8个饺子的事，开始觉得闹心。当然，有时候家长要是忘了宝宝的需求，太执着于自己的想法时，甚至还可能让自己焦虑。

干货总结

为孩子添加辅食时，最好选择家人常吃的食材，并且添加的量和种类都要循序渐进，每加入一类新食物，最好先尝试并观察3天。在加工辅食时，食物的性状要注意遵循"由细到粗、由稀到稠"的变化规律。

09 快停手，孩子不是试验品

过敏问题开始困扰越来越多的家长，所以学会辨别过敏的症状很重要，不然很可能会让自己虚惊一场。即便孩子是真的过敏，那么寻找过敏原的时候，也要保持冷静心态，讲求方法，不然孩子很可能无辜地被当成试验品。

回避激发实验，做一次就行

你可能觉得好奇，家长明明是"满足"自己，应该在达到目的后觉得心满意足才对呀，怎么还能满足出焦虑来了呢？这又要从另一个故事说起了。主角是个 11 个月大的小男孩，有一天吃了妈妈做的蛋羹之后，口周出现了一圈红疹子。因为之前从来没给孩子吃过鸡蛋，所以妈妈一下子就警惕了起来，赶紧把鸡蛋停掉了，小朋友口周的红疹果然慢慢消退。妈妈又试着给孩子吃了一次蛋羹，结果疹子又出现了，这下基本能确定鸡蛋就是元凶了，吓得全家人赶紧把这个"罪魁祸首"列入了黑名单。原本事情发展到这里应该就告一段落了，最妥当的办法是 3 个月之内先让孩子回避鸡蛋，等到他长大一点儿再尝试。然而一周之后，孩子的餐桌上又出现了鸡蛋羹……用妈妈的话说："我控制不了我自己，就想再确认一下，他真的就是鸡蛋过敏吗？"

其实说实话，这位妈妈起初在确认孩子是否对鸡蛋过敏时，使用的这个方法没错，它有个学名叫"回避 + 激发试验"，是世界过敏学会定义的食物过敏判断的金标准，很适合孩子。"回避 + 激发试验"怎么做呢？说起来很简单，当家长怀疑孩子是吃了某种食物而出现过敏症状时，就要暂停给孩子吃这种食物，也就是"回避"，如果说孩子不吃了之后过敏症状消失了，那就代表回避试验阳性；等到孩子的过敏症状完全消失之后，让他再次吃这种食物，也就是"激发"，如果孩子吃了之后又出现了相同的疑似症状，就代表激发试验阳性。当回避试验和激发试验都呈阳性时，我们就可以认为孩子的症状是因为对这种食物过敏而出现的。

执着于"真相"，伤害的是孩子

所以妈妈起初的做法可以说十分专业，而且她对于新添加的食材有着足够的敏感，也很细心地观察到了孩子口周的症状，这就保证了她能在第一时间锁定疑似过敏原，然后进行排查。可是毛病出在了这实验的频率上，一般实验一次，基本确认某种食物高度可疑，就先不要让孩子吃了，可这位妈妈说："崔大夫，我当时就是不甘心，不愿意接受这件事，我的孩子怎么就对鸡蛋过敏了呢？我和孩子爸爸吃鸡蛋都没事，怎么他吃了就过敏了呢？真的是鸡蛋的问题吗？"当然，妈妈心里也有不安——这个孩子以后是不是一直都不能吃鸡蛋了，这得损失多少营养啊！多吃几次会不会就适应了？所以在这一番纠结之后，她一门心思想的就是：不行，我得再试一遍，再确认一下，也顺便看看孩子这次吃完了会不会好一点儿。

虽说是可怜天下父母心，但也不得不说，这其实是一种变相的自我满足，为了给自己疑惑的事情追求一个所谓的真相，把孩子无形中当成了一个实验品。虽然这种满足本意并没有私心，只是一心为了孩子好，但是在这样反复刺激下，孩子反而每次表现出来的症状都要比前一次尝试的时候更厉害，妈妈终于确认了儿子"真的是鸡蛋过敏"，结果自己更焦虑了。

我告诉这位妈妈，既然确认了鸡蛋过敏，就要把这种食物停掉。鸡蛋确实富含蛋白质，蛋黄里也有钙、铁、磷等矿物质，但是它并不是人体获得这些营养元素唯一的来源，也就是说，孩子如果暂时吃不了鸡蛋，先给他吃肉，也可以收获相同的营养。不过，我发现身边不少家长，特别是老人，都对鸡蛋的营养有种迷之崇拜，总觉得少吃这一口鸡蛋，孩子就离营养不良近了一站地。

其实仔细想想，这种惯性的认知也是有历史渊源的。几十年前，在各位父母还是个孩子的时候，生活水平和现在完全不能相提并论，那时候鸡蛋还属于稀罕物，是为数不多的重要营养来源之一。我记得儿子刚出生时，去买鸡蛋还得凭票。都说物以稀为贵，限量供应的鸡蛋自然在那个年代给大家留下了黄金营养来源的印象。

但是这几十年里，我们的生活水平像坐上火箭一样提升，物质生活也极大丰富了，我们每天的生活也从渴望吃肉渐渐变成了开始流行吃素，日常的营养来源也早就不像30年前那样单一了，所以大家也可以放下对于鸡蛋的执着。如果孩子对鸡蛋过敏，就先停掉转而吃肉，过几个月再试也不迟。也许到那时候孩子的免疫系统成熟了，再吃鸡蛋就可以接受了。

停！放下对"不能吃"的执念

当然了，这是基于理性角度的分析，大家除了要明白这一层道理，还得让自己迈过心里的一个坎：别老惦记着孩子不吃的那样东西。当年我儿子说什么也不肯吃菠菜的时候，我虽然明白这是口味偏好，不吃也不会怎么样，可心理上偶尔还是会陷入一种怪圈——孩子越不吃什么，就反而越情不自禁地觉得那种食物有营养。这其实是种思维惯性，总觉得少吃了哪一样，孩子的健康就会受到影响。所以大家要从思想上转变，别老盯着那一两样孩子不吃或者暂时不能吃的食物不放，一种不行可以选择另一种，不必过分纠结。

再说回那个吃不了鸡蛋的小男孩，我给妈妈讲完道理、安抚过心情之后，她回家坚持严格避食了 6 个月。到了孩子 1 岁半左右，妈妈先让他试了试鸡蛋糕这种经过了深度加工的鸡蛋食物，然后小心翼翼地观察了 3 天，发现孩子一点儿症状也没有。后来慢慢开始尝试炒鸡蛋、鸡蛋羹、煮鸡蛋……现在这个孩子已经快 3 岁了，吃用任何方式加工的鸡蛋都完全没问题了。可见，家长放平心态非常重要，如果她当时真的一意孤行不停地试下去，也许现在后果不堪设想。

我还想再多提醒大家几句——警惕过敏的各种症状，这样才能在孩子出现过敏问题的时候及时发现，查找过敏原然后回避。我们都知道，过敏主要侵犯的是人体的表面器官，比如皮肤是外表面、消化道和呼吸道是内表面。而在这三个位置中，食物过敏又会最先从消化系统开始，消化系统最早出现的是口过敏综合征，就是孩子吃完让他过敏的食物之后，会出现口、唇、舌的红肿和瘙痒等，这是最早的症状。刚才提到的那个吃鸡蛋过敏的小男孩也是从这个症状开始的。

有些比较敏感的孩子因为觉得吃下去某种食物不舒服，可能会有拒食的表现，比如把刚吞进去的食物吐出来。但是我们很多家长恰恰会忽略这个信号，认为孩子的这种情况是 "恐新"，也就是对新食物的味道、口感的不接受。但这其实是认知偏差，是个很大的误区，家长因为不了解前期的过敏症状会集中在消化道，所以在见到症状后并不会直接想到过敏问题，反而是在看到孩子身上的疹子之后会高度紧张、过于敏感，哪怕是见到孩子身上起了一个红包也认为是过敏。

痱子和湿疹，傻傻分不清？

有年冬天我遇到一个案例，妈妈主诉1岁3个月的孩子突然过敏了。据说孩子最近几天没吃什么新的食物，而且之前并没有过敏史，可几乎是在一夜之间，孩子的身上"长满了湿疹"，于是妈妈慌了，赶快带着孩子来了诊所。这听起来又是个"严重事件"，但是我看到孩子的第一眼，就觉得并非如此，因为如果真像妈妈所说孩子是过敏了，那么怎么她的面部那么白嫩光滑？我心想：难道又是"那个"原因？果不其然，当我打开包被，再脱去一层又一层的衣服之后，孩子身上密密麻麻的疹子暴露了出来，不过这可不是湿疹，而是热疹，也就是我们常说的痱子。

为什么我都形成直觉了呢？因为这位妈妈遇到的问题并非个例。冬天我们在临床遇到的家长主诉孩子得了湿疹的案例，其中有40%~50%都是热疹，到了夏天，这个比例就更高了，有4/5左右的"湿疹"其实都是痱子。也就是说，大部分家长都是被平白无故吓了一跳，那么这两种疹子该怎么辨别呢？其实方法很简单，总结起来就是通过疹子的性状和出疹速度这两方面做判断。比如痱子是由很多小红点组成的，摸上去会有轻微扎手的感觉；湿疹就是一片一片的，表面会有脱屑、小裂口、渗水的情况。而且湿疹和痱子出疹的速度不一样，一般来说出痱子的速度会更快一些，十几分钟甚至一两个小时内就出现大面积的疹子；湿疹的出疹速度会相对慢一些，所以如果发现孩子大面积的疹子是在"一夜之间"出来的，那么是湿疹的可能性就非常小。

妈妈听了我的解释，实在是想不通，痱子不是夏天的"专利"吗？冬天天气这么冷，孩子哪儿来的痱子呢。这就得从痱子的成因说起，如果皮肤的汗毛孔排汗不畅，汗液就会积聚在局部的皮肤里，形成一个个小鼓包，这些小鼓包就是痱子。所以说，不是只有天气热才会出痱子，如果家里的室温过高，孩子穿盖过多导致他出了很多汗，那么即便是在冬天，也会捂出痱子。

提高警惕，及时发现过敏症状

我再说回过敏的表现。一般情况下，如果家长没有发现口过敏综合征的一系列表现，那么孩子会出现消化道的表现，包括腹泻、呕吐、拒食、反流、便秘、腹痛、直肠出血，也就是大便带血。不过这些都是非特异性表现，也就是说必须先有上述症状，同时再伴有生长发育缓慢的情况，才要警惕孩子是否存在过敏的情况。强调这一点也是怕大家自己吓自己，千万别在孩子吃了点儿不干净的东西拉肚子时，又或者最近蔬菜吃得少引起了便秘时，孩子有点儿反流、吐了两口奶时，就大惊失色地以为孩子过敏了。记住，上面提到的症状一定要伴有生长发育迟缓，我们再考虑过敏的问题。

那么问题来了，为什么"生长发育"迟缓一定要被考虑进去呢？过敏是种非健康的状态，必然对人体有损伤，既然有损伤，孩子就不可能在过敏的同时，体重依旧增长良好。所以大家需要在生活里对过敏保持警惕，但也别过分紧张。为什么食物过敏的表现会按照先消化道、后皮肤这样的顺序呢？这是因为食物是吃进去的，通过消化道，吸收出了问题，才可能在皮肤上有所表现，所以说皮肤的症状一定会比消化道晚。

食物过敏到了皮肤之后，才可能继续影响到呼吸道，从上呼吸道到下呼吸道，这种症状一般在 1 岁左右才开始出现，孩子可能会反复地出现像感冒一样的症状，比如咳嗽、流鼻涕、发烧，甚至可能是喘息、哮喘。

和大家分享这些和过敏有关的症状，是想让大家对过敏有客观的认识，对于这种疾病的态度，我们既不能极左，也不能极右。家长意识不到症状和过敏有关，那么不仅会让孩子不舒服，而且还有让他继续接触过敏原，加重病情的隐患；但如果家长过度关注过敏，又会让孩子的营养出问题，甚至导致营养不良。避免这一切的方法就是我们去了解科学知识，然后自然能做出更正确的判断。

忘掉自己的感受，关注孩子的健康

另外还想提醒大家的是，即便孩子健康出了状况，家长也不能以自己的感受为第一，而是要把孩子放第一位，根据他的情况来找解决办法。可别觉得这是空洞的大道理，或者我只是作为一个旁观者"站着说话不腰疼"，在实际看诊时你会发现，家长心态调整好了，养育观念摆正了，孩子的健康管理也就越容易做。有时候一天十几个诊里，有一半是过敏，家长的状态不同，治愈速度真的不一样，看完这个比例你可能也觉得惊奇，有家长也问过我这个问题，她说："崔大夫，现在过敏的孩子怎么越来越多呢？我们小时候也没这么多事啊。"

我认为，孩子变得容易过敏的问题，和我们现在日常生活里一个新兴的"好习惯"脱不了干系——频繁"消毒"。

IO 频繁"消毒"，消掉了健康

干净、卫生、舒适可以说是每个人对生活环境的追求，于是消毒剂不知不觉之间就成了营造安心环境的法宝，但其实大家不知道，人类要想获得健康，其实是离不开细菌的。消毒剂用错了，反而可能会给健康带来无妄之灾。

免疫力究竟从哪里来？

不少家长第一次听见我这句话的时候都一脸疑惑，那个表情基本代表的意思是：崔大夫这话是怎么说的呢？消毒说明讲卫生啊，是真正的好习惯，怎么还能把健康给消没了呢？特别是 2020 年新冠肺炎疫情之后，消毒更是成了让人放心的一道健康屏障，现在却说这种做法消掉了健康，这太不可思议了啊。

别急，要想讲明白这件事的前因后果，要先说人的免疫系统，我们总听说"免疫力"这个词，也知道它对人体有保护作用，但是免疫力从哪里来？怎么做能保护孩子的免疫力？关于这些问题要想说出个一二三来，好像又有点儿困难。所以我们不妨先从免疫力的概念开始，慢慢地捋一捋。免疫力，简单来讲就是人体抵抗疾病的能力，要是按照不同的获得方式来分，可以分成先天性免疫和获得性免疫两种。

先天性免疫是与生俱来的，是在人类长期的进化中慢慢形成的，它发挥作用主要通过两个屏障，一个是皮肤黏膜屏障，另外一个就是体内屏障。前者指包裹全身的皮肤，以及所有覆盖在内脏腔壁上的黏膜，这道屏障可以算是人体阻挡和抵御外来病原体入侵的第一道防线，其实我们不提倡大家过于频繁地给孩子洗澡和使用沐浴露，本质上也是在避免极端的操作破坏这道重要屏障。而体内的屏障就指的是病原体进入血液循环之后，人体内的软脑膜、子宫内膜等，它们可以作为第二道屏障，比如软脑膜等组织可以阻止病原体进入人的中枢神经系统，而子宫内膜则可以防止病原体等进入胎儿体内。

功不可没的皮肤黏膜屏障

这两道屏障里，皮肤黏膜屏障要和日常生活联系更紧密，所以需要详细说说它。要是按照保护人体的方式划分，这道屏障又可以分为物理屏障、化学屏障和微生物屏障。我估计不少人已经被这些复杂的词绕晕了，别着急，我一个一个慢慢讲。先来说物理屏障，这主要是指皮肤和黏膜组织本身。"物理"二字从何而来呢？以皮肤为例。如果皮肤出现了伤口，可能就会继发细菌感染，但是如果皮肤没有破溃，很少有人身上会突然起个脓包，这是因为皮肤把细菌挡住了，起到了一种单纯的阻隔作用，所以才会把它称为物理屏障。

那化学屏障又是什么呢？其实这主要是指皮肤和黏膜分泌物里有很多种杀菌、抑菌的物质，能够形成抵抗病原体感染的化学屏障。比如皮肤表面的皮脂和汗液都属于分泌物，它们共同形成了脂质膜，保护着人的皮肤，防止水分蒸发，而且皮脂是弱酸性的，能抑制和杀灭皮肤表面的细菌。看到这你是不是瞟了一眼自己的手，觉得你的皮肤上没分泌物。其实我们平时确实几乎感觉不到这层分泌物的存在，之前在和大家聊洗澡时，也提到过这层"保护膜"，它属于"默默对你好"的那一类。但是如果我们用酒精棉球在某块皮肤上不停地擦，过一会儿肯定会觉得特别疼，这是因为皮肤表面的分泌物被擦掉了，酒精直接刺激到了分泌物层下的表皮层。所以，日常生活中我们要是频繁地用酒精之类的消毒剂擦手，也是在破坏皮肤黏膜屏障。

除了这些皮肤表面的分泌物，鼻腔的分泌物、女孩外阴的分泌物、眼泪等其实都能起到屏障作用，所以大家面对这些分泌物，同样要手下留情，别过分清理。之前遇到过一个 3 岁的小女孩，泌尿系统感染，妈妈听到这个诊断都些接受不了。她说我们家这么干净，每天都给孩子洗，洗得简直不能再认真彻底了，内裤也天天换，怎么孩子还能泌尿系统感染呢？殊不知这感染很可能就是"洗得彻底"闹的，外阴上的白色分泌物其实是层保护膜，家长每天拼命地擦掉，反而让外阴容易直接接触到粪便等物质，无形中提升了出现感染的概率。

正常菌群守护人体健康

接下来再看微生物屏障，这是指那些集聚在皮肤和黏膜表面的正常菌群，它们能够通过和有害菌竞争营养物质，分泌杀菌、抑菌物质等方式抵抗病原菌的感染。而人体中最重要的微生物屏障就是肠道黏膜上的肠道菌群。其实在人类的肠道里存在着数以亿计的肠道菌群，其中有对人体有益的益生菌，也有致病菌，还有一些没什么立场的中性菌。在这个小小世界里，不同"阵营"的细菌每天就为了争夺有限的生存资源而互相竞争着。当对人体有益的"益生菌"占优势的时候，肠道就能表现出比较好的状态，无论是消化吸收，还是排泄，都能顺利进行。而当其他细菌，特别是致病菌占优势的时候，人就不那么舒服了，可能会表现出腹痛、腹泻等各种肠道问题。这时候也许就会需要一些"外援"，比如益生菌制剂来帮忙，去战胜敌人，让肠道里的益生菌重新夺回优势地位，成为肠道里的优势菌。

那么，这些益生菌是如何保护人体健康的呢？简单来讲，这些对人体有益的细菌进入肠道之后，会停留在肠道里，覆盖在肠黏膜上促进免疫球蛋白A的分泌。这种免疫球蛋白是一种抗体，会和相应的病原微生物，比如细菌、病毒或者致病源结合，阻止病原体或者致敏原黏附到细胞的表面，增强肠道免疫屏障的功能。同时免疫球蛋白A在黏膜表面还有吸附毒素的作用。除了促进免疫球蛋白A的分泌，益生菌还能激活集体的免疫细胞增殖和活性，让人体的免疫功能整体都有个提高。

益生菌，自然繁衍的产物

帮孩子获得第一批肠道菌群的最"原始"途径，其实就是自然分娩——小婴儿出生时要经过妈妈的产道，这个过程中就会接触到产道里的细菌。这些细菌可以算是妈妈在孕期甚至是更早的时候就已经给孩子准备好的健康礼物。当孩子在经过产道时，细菌会沾到孩子的身上，从口唇进入肠道，帮他建立起一道健康屏障。

第二个获得益生菌的主要途径就是母乳喂养，母乳本身不仅能够给孩子提供营养物质，还能提供很多免疫活性物质和酶，比如免疫球蛋白、溶菌酶等，对新生儿起到很重要的保护作用。除此之外，在哺乳过程中，妈妈皮肤上的需氧菌和乳腺管中的厌氧菌也会被孩子吃下去，这些细菌中的一小部分，能够通过消化液的重重考验到达肠道，并在肠道的无氧环境中存活下来，成为肠道菌群的一部分。

从分娩到哺乳，一切都是人类沿袭了几千年的最自然的繁衍和喂养方式，不过各位可能没想到这种"原始"里，竟然蕴藏着这么深的玄机，而这也是最接近生命之初的自然养育。那么，在孩子肠道中的正常菌群慢慢建立后，我们在日常生活中又该怎么保护这些健康卫士呢？后文再详细解读，在这之前先说说获得性免疫。

获得性免疫，又一柄"健康保护伞"

和先天性免疫对应的获得性免疫就是通过外界的刺激，也就是感染病菌来形成免疫，简单地说就是靠生病来刺激免疫系统，获得免疫力。这个过程有些像练兵，通常病菌进入人体，会找到适合它侵入的组织。在这个过程中，我们身体里的吞噬细胞，也就是人体的卫士会出来阻止病菌，同时它也会刺激身体里的免疫细胞，免疫细胞会进一步分化成记忆细胞和效应细胞。然后这两种细胞各司其职，记忆细胞负责记住吞噬细胞杀灭病菌的过程，而效应细胞则会产生细胞因子和抗体，协同吞噬细胞一起去杀灭病菌。

这个复杂的免疫过程，一般需要 3 天时间才能建立好。当人体有了针对这种病菌的抗体之后，下次同种病菌再入侵时，免疫系统因为已经有了经验，熟悉敌人特点，就能快速投入战斗消灭病菌，让它们不在人体内兴风作浪。这也就是为什么我常建议家长，如果孩子发烧、咳嗽等症状不严重，而且吃、喝、睡的情况基本都没受到影响，精神状态也还可以的时候，3 天之内能不去医院就不要去，这是为了给身体里的免疫细胞一些时间，来记住病菌的特征，下次同种敌人再次来袭的时候能快速应对，让孩子尽早康复。

反过来说，如果孩子刚有症状，家长就赶紧带他去看病、用药，这样做的结果就是，在病菌刚刚进入身体的时候可能就被药物灭了，人体的免疫系统几乎没参加战斗，一切就结束了。缺乏锻炼和实战经验的免疫系统，在下次孩子又被病菌感染时还是不能快速发挥作用，加上家长一看见症状又赶紧给孩子吃药，无形中反而陷入了一个不良的循环里——孩子每次生病，基本都是靠药物在"扛"，而他自身的免疫力却没有机会得到锻炼。

当然了，我们说用来刺激孩子免疫系统的疾病应该是自限性的，战斗难度等级不能太高，人体自身免疫系统从实力上来讲能打得过，而对付一些过于强大的"敌人"时，就得靠预防接种了，也就是给孩子接种疫苗。其实预防接种本质上就是通过人为手段让身体去感染毒性很微弱的某种病原微生物，这些病毒可以在身体里模拟生病的过程，让人体对这种病毒产生抵抗力，但是因为毒性微弱，又不至于让孩子真的生病。所以我们一直说，不管是一类疫苗，还是二类疫苗，只要条件允许，都应该按照当地推荐的接种程序给孩子接种。

滥用消毒剂，可能伤害"友军"

了解了这些关于免疫力获得方式的内容，大家肯定就不难理解"频繁'消毒'，会消掉健康"这件事了。道理很简单，消毒剂频繁用在皮肤表面，会破坏第一道防线里的微生物屏障，而如果被吃进肚子里，麻烦就更大了，肠道菌群都可能遭到破坏。因为益生菌虽然是能守护人体健康的"友军"，但消毒剂可是六亲不认，只要是菌就会通杀。

所以说，要想保护好肠道里的这些健康卫士，我们日常生活中最重要的一点就是避免滥用消毒剂，每天保持清洁就行，千万别疯狂地消毒，认为要做到完全无菌才是最健康。我们的祖祖辈辈都和细菌共处，人类进化几千年也并没有甩掉这个"邻居"，大自然只是安排我们用一些特有的方式和它们共存，这肯定是有些道理在里面的。所以生活常态之下，一定要把细菌赶尽杀绝，其实反而对健康并没有好处。

给大家举个最简单的例子，我们去餐馆吃饭时，总有人习惯先用消毒湿巾把盘子、碗、勺、筷子都擦一遍，觉得灭了菌之后饭吃着才安心，但其实各位不知道，这波操作反而杀死了一些帮手，虽然这些帮手不是什么"好人"。这又是怎么回事呢？我给大家讲讲这个过程。餐具上确实会有些坏细菌，不过量其实很少，当然这里讨论的都是会正规清洁餐具的餐馆，没有那些所谓的"苍蝇馆"。这些坏细菌属于需氧菌，没有氧气就不能活，恰恰是这个特点，让这些"坏蛋"竟然也可以对人体健康做些贡献。人吃饭的时候，会不可避免地吞下去一些空气，空气对于肠道里的那些遇到氧气就会死的益生菌原本是个威胁，这时候坏细菌就开始发挥作用了，它们被吃下肚之后，开始消耗肠道里那些氧气，等为数不多的氧气被消耗光，原本就没有多少的坏细菌，自然也就没有了存活条件，还没来得及兴风作浪就消失了。

所以从这个角度看，餐具上的那一点点坏细菌其实是去肠道里贡献生命，帮忙营造适合益生菌生存的无氧环境的，也并非一无是处。要是我们吃饭前非用消毒湿巾擦擦盘子，不仅弄死了那些坏细菌，让它们不能去肠道里消耗氧气，而且残留的消毒剂被吃进肚子里，对于益生菌也是种伤害。如果你长期都有这种清洁习惯的话，其实等于变相破坏了肠道菌群，健康问题也就随之出现了。我一直不提倡给孩子哺乳之前用消毒湿巾擦乳房，其实也是同样的道理。

过犹不及，和消毒剂有关的湿疹

与消毒剂有关的事真的太多，再分享一个前不久刚刚遇到的案例。因为 2020 年的一场疫情，全社会的公共卫生健康意识都被普遍提升，这确实是好事。正常的防范虽然很有必要，但是如果大家都紧张过度，那可能会导致结果并不理想。

来找我看诊的一家人从山西远道而来，妈妈、姥姥和 9 个月大的孩子，祖孙三代之所以这么不辞辛苦地长途跋涉，是因为孩子得了"怪病"。妈妈说，孩子从出生起就一直是母乳喂养，本来没什么问题，可是从 3 个月前，突然开始起湿疹，而那时候正好刚加辅食，于是家人就怀疑孩子是不是对某种食材过敏，可是排查来排查去，也没发现什么规律。在当地看了几个医生，始终查不出所以然，辅食终归是要吃的，可是边吃边过敏又让全家人觉得不能接受，无奈之下只好来北京找我。

我仔细给孩子做了检查，发现了一个确实很奇怪的现象：孩子的湿疹集中在脸部、脖颈、手腕和手背、脚腕、脚背这些位置，但是脱了衣服之后，身上的皮肤却很光滑，一点儿湿疹都没有。如果真是食物过敏，这疹子怎么还"挑地方"长呢？我正疑惑时，姥姥像在自言自语，又像是在和我抱怨似的，提供了个重要线索：孩子 3 天前到的北京，这几天湿疹症状有所减轻。姥姥本来是想说，这几天在酒店，条件有限没给孩子吃辅食，湿疹果然就好了一些，说明湿疹就是辅食引起的，她很担心以后孩子不能好好吃饭。可是我听完这番话之后，再看看孩子长湿疹的部位，却感觉像被打开了一扇窗。

我问妈妈："在家用消毒剂吗？"妈妈说："用。本来不用，后来我们小区出了个新冠肺炎疑似病例的密切接触者，我觉得害怕，孩子出去玩回来之后和晚上我们下班到家之后，家里都得彻底消毒一遍。"至于消毒的方式，就是用稀释过的酒精喷手和衣服，然后再用酒精把家具、地板全都擦一遍。"其实那个密接隔离观察之后确认没事，但是我总觉得不消毒不踏实，消着消着就成习惯了。"说到这，真相似乎浮出水面了，孩子患湿疹的部位恰恰是平时暴露在外，可以被空气中的消毒剂成分刺激到的位置，而之所以到了北京之后仅几天，湿疹的情况就有所好转，就是因为离开了那个到处都是酒精的生活环境。

听完我的推断，妈妈回忆了一下开始在家里实行常规消毒的时间，果然就是 3 个月前，而且她说："酒精刚擦完屋里确实是很呛，呛到睁不开眼，我们家测甲醛的机器都能爆表，可就是心里膈应，总觉得得擦一遍才安全。"这么综合判断起来，这每天两次的大规模消毒行动就是症结所在了。果不其然，两周后我们电话随访，妈妈说从北京回到家后就没再消毒过，孩子的湿疹在护理之下也好得差不多了。

所以大家要明白，特殊时期公共环境中的一些消毒措施属于防疫需要，但是我们回到家中这个相对安全的环境里之后，真的没有必要再疯狂地使用消毒剂了，否则非但不能守卫健康，还有可能让疾病有可乘之机。

奇怪，总也"好不了"的鹅口疮

如果你觉得"奇怪的湿疹"属于特殊时期的个例，那么这个几年前我碰到的案例，可能更有代表性。当时来看诊的孩子从 3 个月时就得了鹅口疮，起初家人在患处涂碳酸氢钠，但是断断续续的一个月也没好。后来家长带孩子去医院复查，医生又给开了制霉菌素甘油，虽然有疗效，但是停药没多久就又会复发，再用药、再复发，往复了两三次之后，家长不淡定了，于是带着孩子出现在了我的诊室里。家长有几个方面的疑惑：为什么孩子那么容易得鹅口疮，是免疫力差吗？这种病以后要怎么预防才能避免再这样反反复复发作呢？

其实，想回答这两个问题，就得先从什么是鹅口疮说起。有时候家长可能会发现孩子的舌头上、口腔里有一层白膜，看起来特别像煮完牛奶晾凉后，奶上面漂的那层奶膜。这层膜很难清除掉，而且如果用软布、棉签之类的东西强行擦拭，白膜覆盖的口腔部位就会有发红、渗血的情况。如果出现了这样的症状，就说明孩子得了鹅口疮，症状严重的鹅口疮会伴有痛感，导致孩子哭闹、拒绝喝奶和进食。

孩子为什么会得鹅口疮呢？从病原体角度讲，鹅口疮是由于白色念珠菌感染导致的，但有一点大家要明白，孩子是否会真的发生感染，关键并不在于他有没有接触白色念珠菌，而在于孩子自身的免疫力和肠道菌群建立的情况。这又是什么道理呢？其实，白色念珠菌是一种在我们生活的环境中广泛存在的微生物。但是正常情况下，我们并不容易患鹅口疮，这是因为人体内的菌群在健康而稳定的状态下，处于优势的益生菌能够抑制白色念珠菌在体内的大量繁殖。

而对于小孩子来说，肠道菌群还没成熟，这种情况下家长再滥用消毒剂，干扰菌群的正常建立，那么孩子体内的菌群就可能出现紊乱，细菌没办法占据内环境的优势地位，白色念珠菌自然就有机可乘，大量繁殖，引起感染。这个孩子遇到的就是这种情况，后来我们在排查原因时，妈妈说因为自己有点儿洁癖，所以孩子的玩具、地垫，甚至是绘本，她每天晚上都会用酒精擦一遍。本以为这些酒精在夜里就挥发干净了，不会对孩子造成任何影响，却没想到给健康埋下了这么大的隐患。

我告诉妈妈，虽然表面上孩子的口腔里出现了白色念珠菌，但实际上他的消化道里同样有白色念珠菌在大量繁殖，这就是为什么给孩子涂了碳酸氢钠之后情况会暂时见好，但是没多久又会复发的原因——肠道菌群这个问题根源没解决，白色念珠菌依旧存在，蔓延回口腔里只是时间问题。

至于预防鹅口疮的方法，相信大家也已经心里有数了，那就是保护孩子健康的肠道菌群，生活里不要滥用消毒剂。对于日常卫生条件的要求，干净即可，别追求无菌，否则如果全家一直生活在接近无菌的环境里，那霉菌很可能就该出来兴风作浪了。所幸经过反复地讲这层原理，越来越多的家长开始意识到这一点，然后调整了自己的生活方式。

杜绝频繁消毒，先过心理关

不过也有家长跟我说："崔大夫，这道理我懂了，也认同，可我就过不了自己心理这一关。你说在外面，孩子那小手哪儿都摸，吃零食之前再不拿消毒湿巾擦擦手，我心里膈应啊！我给孩子补益生菌行不？把我搞的'破坏'再补回来。"

我告诉这位家长，可以自带湿毛巾擦手，如果心里对于不"消毒"一下实在过不去，那一定要在用过有消毒剂成分的产品之后，再用流动清水好好清洗一遍。哪怕在野外，也可以用矿泉水瓶装自来水给孩子冲冲手。破坏了肠道菌群之后再补回来这个想法可是万万不可取！而且，有件事情家长要明白，益生菌制剂真的没有大家想得那么神奇。

干货总结

自然分娩、母乳喂养、适度清洁、按时接种疫苗、不滥用抗生素……这些才是保护免疫力的正确做法，而期待靠大量使用消毒剂来消灭掉一切病菌，非但不能营造出完美的生活环境，反而还会危害人的健康。

II 益生菌制剂不是万能药

在意识到肠道菌群的重要性之后，不少家长会把守护孩子健康与大量补充益生菌画等号。但是这种对于益生菌的过度依赖，反而会引发极端的养育行为，或者让家长出现不合常理的期待。想要善用任何助力的前提都是正确的认识。

益生菌制剂更像补救措施

确实，越来越多的家长意识到了益生菌的好处，这是件好事，不过随之而来的问题也不小，那就是走到另一个极端，把益生菌制剂当成了神药。其实冷静细想，这件事从常识角度就不成立，世间没有任何一种药能包治百病，更何况益生菌制剂也并不是药。

补充益生菌这件事更像是一种补救措施，因为我们现在日常生活里的很多错误做法破坏了肠道内原本自然存在的菌群的平衡，为了弥补这件事带来的后果，才借助益生菌制剂的力量来尝试调节肠道菌群。弄清楚这层关系，大家应该就可以明白，并不是说吃上了益生菌制剂就"一劳永逸"了；相反，如果没有从根本上调整生活方式，那么即便额外补充再多的益生菌，可能也只是收效甚微。

而且不知道大家有没有发现一个细节，就是我们说到给孩子"补充"这件事的时候，益生菌后面就加上了"制剂"两个字，如果不是为了咬文嚼字，那么益生菌和益生菌制剂的差异到底在哪里呢？其实我们日常能买到的都是含有益生菌的产品，比如益生菌油剂、片剂，还有我们最熟悉的粉末状益生菌制剂，等等。这也就是说，这些产品中除了有益生菌外，还会有一些辅料和添加剂，所以可以理解为，益生菌是种微生物，而益生菌制剂是种产品。

你选的益生菌制剂合格吗？

既然是产品，就有验收标准。我总告诉家长们，一款合格的益生菌制剂，最起码要同时具有两个特点：有效和安全。有效自然不用说了，就是益生菌制剂在服用之前都是活菌，并且数量足够，才能发挥真正的效用。而且在孩子服用了一段时间的益生菌制剂之后，再去检测肠道菌群，肠道中的菌群状态是应该发生改变的，益生菌能变成优势菌，或者至少有变成优势菌的趋势。

那么"安全"是指什么呢？其实这里所说的安全并非指产品本身的质量，而是对于孩子本人来说，服用这种益生菌制剂是否安全。益生菌制剂里除了益生菌，还添加了其他物质，家长得需要特别注意这些"额外"的添加物，比如有的益生菌制剂为了调节口味，可能有脱脂奶粉，那么这种产品对于牛奶蛋白过敏的孩子来说就不那么"友好"了。

益生菌制剂，不能包治百病

即便益生菌制剂满足了这两个要求，它也不是包治百病的。的确，在孩子经常性地腹泻、便秘，或者存在乳糖不耐受、过敏等问题，以及小婴儿肠绞痛时，补充些益生菌制剂会有缓解症状的辅助作用，但是大家不能把治愈疾病的希望寄托在益生菌制剂身上，还是需要积极寻找病因，治疗原发疾病。比如，曾经有个妈妈问我："孩子连续腹泻 7 天，从开始有腹泻的症状就给孩子吃益生菌，为什么现在还是不见好？"

这位妈妈不知道，孩子其实是轮状病毒感染导致的腹泻，疾病本身是由病毒引起的，而益生菌制剂能起到的作用是帮助在腹泻过程中受损的肠道菌群尽快恢复，在一定程度上缩短病程，而并非扫清轮状病毒，所以我们不能期待孩子吃了益生菌制剂之后，马上就止泻，疾病痊愈。再比如，益生菌制剂确实能在治疗过敏时起到辅助的作用，但是治疗过程中，迅速锁定并回避过敏原更为重要。又比如，在便秘时服用益生菌制剂确实是比较管用的方法，可是前提是必须和纤维素同时服用，益生菌要败解了纤维素产生水分，才能软化大便，改善便秘的情况。

益生菌制剂吃不对，效果全白费

说到吃益生菌制剂的方式，经常会有家长和我抱怨，买了益生菌给孩子吃，但是不管用。除了家长可能对益生菌制剂的作用期待过高，恐怕服用方式也是问题的关键所在。那么益生菌制剂要怎么吃才能达到最好的效果呢？这就得从益生菌本身的特性出发了。益生菌是生活在肠道无氧环境里，对人体有用的细菌，有生物活性。那么顺着这个思路想，如果想让益生菌制剂发挥理想的作用，就要保证让益生菌活着进入孩子的肠道。

别看需要划的重点只有这一条，讲究起注意事项来真的不少。以粉末状的益生菌制剂为例，首先一点要说的就是购买时最好选购小包装的，因为粉末状的益生菌制剂基本都是靠特殊工艺让益生菌休眠，遇到水之后，这些益生菌就会"苏醒"过来。如果开封后一次没有吃完，空气中的氧气和水分会让剩余的益生菌制剂受潮、变质，失去生物活性，而独立小包装的产品会更方便存储。

第二点需要注意的就是得按剂量服用，最大限度地保证效用。我之前遇到过的一个妈妈说："医生让我家孩子一天吃一袋益生菌，但是我觉得太多了，我看1岁孩子也吃一袋，我家孩子刚3个月，我每天就给他减到了半袋。"我问："那剩下的半袋呢？""用封口夹夹上之后放冰箱了。"哎呀，这实在是一个让人听了想捶桌子的做法。

暂且不说剩下的这半袋益生菌在湿冷环境下待命24小时之后，还有多少能存活下来，只说马上被吃下去的那半袋益生菌制剂遇到了什么。我们知道益生菌发挥作用的战场是孩子的肠道，但是给孩子吃下去的益生菌制剂要经过口腔、胃、小肠才能到达最终的目的地，而在这个过程中，胃酸、胆汁这些消化液都可能造成一部分益生菌的损耗。如果一次只吃半袋，很可能吃下去的益生菌在半路上就"牺牲"得差不多了，能顺利到达战场的所剩无几，怕是战斗力要被大大削弱了。

接下来再说给孩子吃益生菌时要注意的第三件事。第一件事，就是益生菌除了怕空气，还怕烫，所以最好用40℃以下的水送服，而且冲好之后最好马上让孩子喝下去，否则过高的温度、过多的空气接触，都可能让制剂里的益生菌活性降低，效果打折扣。第二件事，服用益生菌制剂时要注意避开抗生素，最起码二者的服用时间要间隔2小时，以免益生菌被抗生素"误伤"。最后一件事，就是别忘了给益生菌提供粮食。前面我们说过的纤维素还有个名字叫益生元，它其实是益生菌的食物。也就是说，无论家长给孩子补充益生菌制剂的目的是不是缓解便秘，益生元的补充都得跟上，否则益生菌可能就会饿死了。那么益生元要从哪里来呢？对于小婴儿来说，母乳中的人乳低聚糖就是一种很好的益生元，而对于大些的孩子来讲，就是要保证每天富含纤维素的蔬菜的摄入。

守护健康是项系统工程

说了这么多，主要还是希望能帮大家明确：益生菌制剂虽然适用的范围比较广泛，但是它不是神药。家长千万不能有这样的想法，认为孩子补了益生菌，在疾病面前就有了保护罩，可以高枕无忧了。大家要知道，人体像一部精密运转的机器，需要各项功能协同工作，而要想让这部机器保持健康状态，靠的也是综合因素，而绝非某种补剂。就像有家长会问："崔大夫，您说我给孩子吃点儿什么能提高免疫力呢？"这个愿望可以理解，但仔细分析一下，其实就相当于希望仅靠一个简单的行为来收获综合的结果，肯定很难得到令人满意的答案。

另外，我还想再多提醒大家一句，免疫力并不是越强越好。人的健康是一个山峰式的曲线，如果免疫力过低，会容易得感染性疾病，如果免疫力过强，又会容易出现过敏等问题。所以说，养育追求的是平衡，自然最重要，太过追求极致，会给自己很大压力，有时候甚至还会给医生压力。

干货总结

在孩子有经常性腹泻、便秘，有乳糖不耐受、过敏等问题，或者出现肠绞痛时，适当补充益生菌制剂会有缓解症状的辅助作用，但让孩子恢复健康的根本还是要积极治疗原发病。另外服用益生菌制剂时，也要吃够剂量、温水送服，同时补充足量纤维素。

12 为何总能碰见"庸医"

说起养育过程中让家长感到焦心的事件，"生病"恐怕要位列榜首。而在这种时候，"让孩子快点儿好"这个单纯又充满爱的诉求却无意间造就出了一批"庸医"。对医生的怨念夹杂在寻医问药的劳碌奔波之间，这样的局面下，看病的结果又会是怎样的呢？

"神医"，竟然是这样炼成的

我在儿童医院工作时，见到过很有趣的现象，家长总说无论多厉害的病，不管发烧、感冒，还是拉肚子，等带孩子到了儿童医院，不出两三天，孩子一定就被治好了，儿童医院的大夫就是牛。但是细问起病史来，我就发现，真是家长谬赞了。这可绝对不是谦虚，其实要说这些孩子得的病，都是病毒引起的自限性疾病，比如普通感冒、病毒引起的腹泻，即便不来医院，孩子自己在家"扛"一周左右，病也会好。

只不过家长看不得孩子难受，只要发现症状，就赶紧带着孩子去医院。先是去离家近的社区医院，回来后发现孩子的症状并没像期待的那样立刻消失，于是就带着孩子再去家附近大一点儿的医院。但是我们知道，自限性疾病的康复需要的就是时间，即便是用药也不能做到立竿见影。于是，家长更着急了，最终带着孩子来了儿童医院。这时候距离孩子出现症状可能已经过去四五天了，也就是说孩子的免疫系统可能已经快要打赢了，于是孩子在儿童医院看过医生后没一两天病就痊愈了，家长特别开心：儿童医院的大夫太厉害了！

别着急，疾病的康复需要过程

家长因为心底总有着对于"快点儿好"的极致追求，于是发现孩子稍微有点儿不舒服就开始到处求医，但对于很多"小病"来讲，这么折腾除了让自己焦虑，对于帮助孩子康复来说其实作用并不大，反而还可能增加交叉感染的风险。更重要的是，这还可能给医生压力。我真的见过有的家长不见医生开药就不肯走，他们总觉得不拿着药离开医院，病就不算看完。而孩子如果吃了一两顿药不见起色，家长又可能会带着他再找别的医生，并且要求换种药，如此往复。孩子生病，家长希望他赶紧痊愈的心情可以理解，但是我们冷静下来想想，这样的做法真的对孩子的健康没有益处，也让医生无形中背上了庸医的锅。

所以每位家长都要明白，疾病的恢复需要一个过程，而且很多自限性的疾病不需要看医生，人的免疫系统是要阶段性接受刺激的，通过经历"实战训练"来提升自己的战斗力，如果在这个过程中盲目用药去干预，反而会妨碍免疫系统的锻炼。而且像咳嗽、腹泻这样的症状，其实本质上可以算是人体的自我保护机制，是一个把病菌咳出、排出的过程，所以如果盲目止咳、止泻，反而是在给病菌帮忙。

当然虽说我们提倡家长不要过分干预，但也并非鼓励大家只是"干等着"，针对症状的护理还是需要做好。比如孩子腹泻时，最要注意的就是及时补液，预防脱水。不过，如果孩子病情确实比较严重，已经影响了饮食和睡眠，或者精神看起来很差，那么就需要就医。这时候，就需要家长提前做好准备，最大限度提高就诊效率。

带孩子看诊，家长的"口语考试"

说到这，就有必要先说说家长在看诊时最常犯的三种错误。最常见的就是家长慌乱之间语无伦次，把想说的信息内容漏掉了，要么就是医生问一句说一句，但是话语之间找不到联系，要么就是因为太着急导致记忆出现了偏差，说的话前后矛盾，这样会严重影响医生判断。第二种是家长想表达的事太多了，从见到医生开始就不停地叙述，可是说了5分钟都让人找不到重点，反而说了好多和疾病无关的信息，浪费了有限的就诊时间。第三种是有些家长可能会漏掉孩子的既往病史，或者是以前的就诊资料找不到了，这就会给医生进行综合判断造成困难。

之前我和一位比较熟的家长聊到过这个话题，他当时就笑了："我的天，说多了不行，说漏了不行，资料忘带了也不行，带孩子看病也真是个技术活。"很多人可能都觉得医生看诊的过程很神秘，有时候甚至会问些互相听起来没什么关联的问题，但是其实我们自己心里是有数的，这些问题是在帮助我们围绕着一定的规则在分析病情。

一般来说，医生问诊的主要步骤就是询问就诊原因、现病史、既往病史、个人情况、家族病史，然后进行查体、化验检查等，最后才是给出诊断结果和治疗方案。而在这一整套环节里，前面询问的所有信息以及既往的化验检查结果都是需要家长提供的，信息是否准确，对于医生的判断至关重要。

那位家长朋友也问我："崔大夫，那您说带孩子看病的时候，怎么做才是最恰当的呢？"估计很多人也都特别关心这个问题，毕竟如果是在公立医院，留给每个诊的时间可能只有五六分钟，如果不能高效利用，帮助医生迅速"破案"，那排队等待的时间浪费了事小，耽误了孩子的病情可就严重了。

见到医生，先说这两件事

在这里也帮助大家理一理，带孩子看病的时候，家长要怎么整理自己的思路。先来说"就诊原因"这一项，家长的主要任务是尽量用一句话描述清楚孩子哪里不舒服，也就是为什么来看病。例如发热、咳嗽、呼吸困难、喘息、呕吐、腹泻、腹痛、胸痛、头痛、头晕、抽搐、眼睛闭合不全、看不清楚、走路不稳、体重下降、皮疹等等，而且还要一并说清这种情况持续了多长时间。这一步是为了帮助医生建立预期，在后面的交流里捕捉信息的时候更有针对性。

开门见山地说完就诊目的之后，就可以开始详细叙述病史了，这其实相当于对这次就诊原因的细节补充，也是帮助医生找到病因的关键环节。家长需要告诉医生孩子出现症状的前后发生的所有细节。比如说第一次发现不适症状的时间，是早晨、晚上出现的，还是孩子吃了某种食物，完成某项活动之后出现的。特别强调一下"发现"这个词，这有什么玄机在里面呢？我们自己生病时，其实也说不清病毒具体是哪天哪时哪分开始侵入我们身体的，只有当自己感觉不舒服的时候，才可能意识到生病了。所以说，严格来讲，你不能知道自己准确的被感染的时间，只能说出"发现"自己生病的时间。

那这个道理放在孩子身上是通用的，医生其实并不要求家长说出孩子的病真正的起始时间，而是能提供发现孩子不舒服的具体时间就好。举个例子，比如有个妈妈早晨发现孩子身上出疹子了，那就直接告诉医生："今天早晨七点半我起床时，发现孩子身上起了皮疹，昨天晚上睡觉前还没有。" 这个过程中不要加入自己的猜测，比如"我估计这疹子就是昨天半夜出来的，也有可能是昨天晚上"。这种说法一方面缺乏依据，实用性有限，另一方面还可能打乱医生的思路，甚至误导医生。

除了描述发现疾病的时间，家长还可以告诉医生疾病的严重程度如何，当时持续了多久，怀疑发病前是不是有什么引发这种情况的可疑因素，出现症状之后家长有没有用什么方式让孩子不舒服的情况减轻或者消失。这时候对语言表达的要求就更高了，家长要能够简明扼要地准确说出孩子的主要症状表现。这些表现是发生在孩子身上的，能引起家长注意的反常表现。比如说孩子一直睡眠情况挺好的，从前天开始夜里突然会惊醒哭闹，或者是孩子进食量一直很稳定，最近两天开始突然就不爱喝奶了，每天的奶量减半，又或是孩子突然开始一反常态地剧烈哭闹，等等。

精准描述症状的同时，家长还要说清楚在第一次不适症状消失后，相同的症状后来又出现过几次，每次间隔多久出现，都是哪些情况会诱发不适感，分别用了什么方法缓解这种不舒服，这些方法是否有效，等等。这个步骤需要大家头脑清晰，能在脑子里建立一条清晰的时间轴。这样在和医生叙述的时候，才能有条清晰的时间线。别小看这条线，在临床上非常重要，特别是看诊时间有限的情况下，更是对于医生理清思路有至关重要的作用。

两个例子，看清陈述病情多重要

我先举个反例，比如有个家长说："我前天发现孩子发烧了，38.5℃，今天早晨还是38.5℃，吃了一次退烧药，下去了一会儿，现在又烧上来了。不过，昨天早晨最严重，烧到39℃、40℃了，吃了一次退烧药，退下来了。下午情况还比较好，一直都是37℃多。"在看着文字安安静静思考的情况下，依旧会觉得这段话很乱。孩子具体烧了多久，反复发烧烧到多少度，中间吃过多少次退烧药，全都没说清楚。

作为对比我再举个真实的例子，有位妈妈在孩子发烧时，从发现症状那一刻起，就开始在手机记事本上简明扼要地整理病史：1日晚10点，发现发烧，38.2℃，无其他症状，未服用退烧药；2日凌晨2点，37.8℃；2日早7点，38.8℃，美林，无其他症状；2日上午9点，37.2℃；2日中午12点，38.5℃，食欲、精神好，未服退烧药……妈妈给我发消息让我看到这个记录时，孩子已经烧了50个小时，但是从疾病的变化情况上来看，每次"烧上去"的时间间隔越来越长，而且最高温度的峰值也在逐渐下降，除了在发病初期吃过两次退烧药，后来都是没有药物辅助就自己退下来了，并且妈妈说孩子始终没有其他症状，吃、睡正常，而且只要不是高烧状态下，精神也并没有受什么影响。这一系列消息都是关键信息，能证明孩子的免疫力正在逐渐取得主动权，没有药物干预治疗也不会出现大碍，做好补液等待最终胜利就好。果然又过了一天，妈妈发来消息说，孩子后来又烧了两次，不过现在已经彻底好了。

这两个例子一对比，你是不是更能清晰地感觉到家长向医生叙述

这孩子昨天说不舒服，我一摸他的头可真烫啊，肯定发烧了。

具体的发病时间是几点？体温多少度？

吃的什么药？几点吃的？

后来我给孩子吃了药，烧才退了点儿。

后来又烧起来了，还时好时坏，一直到现在。

......

这种陈述病情的方式并不能给医生提供正确诊断信息，反而浪费了宝贵的诊疗时间。

应该按照时间线清晰地描述每个时间点上的症状，这样才能帮助医生更好地把握病情的变化轨迹。

当发现孩子生病时，家长应该记录这些信息：
发现病情的时间。
家长采取了哪些措施。
孩子的病情变化和具体时间。
主要症状和其他症状。
不同症状出现的先后顺序。

孩子病史的时候注意时间顺序有多重要。什么时候发现孩子发烧了，多少度，吃没吃退烧药，吃过药后是否退烧了，再次发烧又是什么时间，烧到多少度，等等，这些都要记清楚、说明白。另外，如果孩子同时出现了多种症状，也得说明先后顺序，比如孩子是先发烧，还是先咳嗽，是先呕吐，还是先腹泻。这样清晰的顺序和准确的表述，对医生的诊断有非常重要的意义。

动用各种方法，说明疾病变化趋势

除了时间线，家长还得向医生说明疾病的变化趋势，就是孩子每次出现不舒服情况的严重程度是否都一样，是越来越严重，还是在逐渐减轻，还有没有其他的症状出现。这些变化讲得越清楚，对疾病的诊断越有帮助。发烧可能算是个比较特别的例子，在叙述时间线的同时，借助不同时间点的体温就能知道病是越来越严重了，还是正在逐渐减轻。但是有些稍微抽象一点儿的情况，就要靠家长的总结和形容了，比如孩子腹泻的情况，咳嗽的情况，家长得学会自己去综合判断。

如果说在向医生描述的时候，不知道用什么词形容，或者不知道怎么才能表达准确，那么大家可以借助些设备来做外援，比如孩子腹泻了，除了记录腹泻的次数，孩子每次排出的便也可以照下来，这样方便医生观察大便性状、颜色的变化等。再比如孩子睡觉打鼾，形容声音大小这些情况时，主观感觉的干扰因素太强了，那就可以用手机录下来，放给医生听。除此之外，如果你发现孩子夜里睡觉不踏实、很难受，或者总是一惊一惊地抽搐，也可以录成短视频放给医生看。

不过有一点需要注意，就是在讲述症状变化的时候，需要说清楚是自然变化，还是药物干预后出现的变化。依旧以发烧为例，比如孩子昨天晚上烧到38.9℃，今天早晨不烧了，那么体温是自己降下来的，还是吃了退烧药；如果是有退烧药的帮助，就得说清楚吃了什么药、药量是多少。医生为什么要求了解这么多信息呢？其实主要是因为在准确了解孩子吃了什么药之后，再结合病情变化情况，才能找到相对适宜的治疗方案。这个方案其实是承接在家长的治疗方案之后的，过去的治疗如果说不太适宜，对孩子病情没什么帮助，那就需要调整，如果说已经有效果了，那就可以给家长一些指导后延续。所以如果家长说不清楚自己用了什么药，那即便在家用对了药、找对了治疗方案，到了医生这里因为信息不全，很可能也做不到治疗的延续。这时候医生也许会去尝试新的方法，无形中耽误了孩子的治疗。

这些"破案线索"同样不能放过

除此之外，"既往病史"也不能落下，也就是除了这次出现的不适症状，家长还要告诉医生，孩子以前得过什么疾病，曾经用过什么药物，是否做过手术，有没有对某种东西或药物过敏，等等。然后就到了"个人情况"和"家族病史"部分，家长要告诉医生孩子的出生地、出生之后的居住地，这是因为有些地区可能会有些特殊的疾病流行。同时，家长最好还要简明扼要地说明一下家庭的饮食、卫生习惯、孩子出生前母亲的怀孕情况、这是第几个孩子、生产的方式、产程是不是顺利，以及出生后的喂养方式，等等，这些信息看似非常基础，但是也会对医生进行判断有一定的帮助。另外，家长也要主动告诉医生家里有血缘关系的成员相关疾病的情况，因为有些疾病和家族遗传的相关性特别高。

除了做到前面说的这些，家长还要注意一下家里其他人有没有得类似的病，这也是"破案"的重要线索。比如一个孩子流鼻涕、打喷嚏，而且他以前有过敏史，那医生可能就会摸不清这次是过敏症状还是单纯的感冒。如果这时候家长说，家里其他人都没问题，医生可能就会往怀疑过敏的方向去排查；但如果说家里其他的人也打喷嚏、流鼻涕，那被家人传染得了感冒的可能性就比较大。

收集完所有的信息之后，医生最后要做的就是"查体化验"了。很多家长都不理解，说医生怎么总习惯问了些话之后，就让做检查呢？有时候一查还是好几项，算在一起化验费也挺贵的，都有必要吗？化验检查结果是疾病诊断非常关键的客观指标，是能间接反映出疾病的信号，尤其对于一些病程较长的慢性疾病或者先天性疾病，化验更是能够反映一些疾病的变化过程。

当然了，对于短期的急性疾病，家长可能不需要叙述这么多信息，但是如果是慢性或者先天性疾病，那确实需要收集比较多的内容。不过无论孩子得的是什么疾病，家长养成记录的习惯都是很重要的。这样就诊的时候就不会因为时间仓促或者情绪紧张，在跟医生叙述的时候有所遗漏，也不会因为信息的模糊导致医生误判。比如之前有个姥姥说，外孙女已经高烧了 4 天了，听起来很严重。但是仔细看妈妈的记录，是从第一天晚上的 23 点发现孩子发烧的，来看诊的时候是第四天的早晨 9 点，这中间的间隔其实是 58 个小时，连 3 天都不到，再结合孩子的病史判断，其实并不严重。

　　我在前面也说过，医生看诊的过程就很像警察破案，家长提供的线索越多、越具体、越准确，就越能帮助医生加快速度"破案"。所以记录很重要。当然了，记录这事不仅仅是在孩子生病时能发挥作用，在日常的健康管理过程中，更是必不可少。比如我老强调的生长曲线，就是连续记录结果的汇总，而在这日积月累得来的数据中，不仅记录着孩子的过去，也蕴藏着孩子的未来，写出了孩子专属的健康密码。

干货总结

疾病的康复需要过程，家长要能冷静对待，正确护理。遇到确实需要看医生的情况，要先说"就诊原因"，再按时间线客观陈述病史、说明病情变化的趋势以及干预方式，必要时借助图片、录像等辅助手段，同时配合检查，遵医嘱治疗。

13　没有起跑线，只有生长曲线

　　常有人调侃，说自己成长道路上，千年难胜的对手就是"别人家的孩子"。的确，从出生那刻起，父母之间就会情不自禁地比较孩子的身高、体重、进食量、知识储备……不知不觉间，一条无形却令人窒息的起跑线便被拉了出来，但是这条线真的有用吗？

生长曲线，客观的评估标准

我之所以会这么看重生长曲线，是因为从中能看出生长趋势。有这个趋势做前提，在面对孩子成长过程中的一些小状况时，才能客观判断，换得人心安。比如老有家长说自己家孩子长得瘦，或者个子矮，这种结论通常只是靠和周围同龄孩子比较得来的，又或者是因为某一次的测量值，但这样的结论下得未免有些武断。

所以我常提醒家长，最好从孩子出生起，每月定期测量身长、体重和头围，然后在生长曲线图上按照孩子的月龄，找到相应的数值描点，靠这样的连续监测得到一条曲线，然后再去评估曲线的趋势，这样的观察才有宏观性，才能客观地知道宝宝的生长是否正常。

其实，这个方式是世界卫生组织（WHO）推荐的。在世卫组织的官方网站上就能免费下载生长曲线图，图表有蓝和粉两种颜色，分别适用于男宝宝和女宝宝，图上的横坐标代表月龄（年龄），纵坐标代表身长或者身高、体重，还有头围。这个曲线图里有 5 条参考曲线，这些参考线是监测了众多正常宝宝的生长过程，汇总数据之后绘制出来的。

图里面最上面的 97th 这条线称为第 97 百分位，表示有 97% 的孩子低于这个水平，比如在体重曲线图上，要是孩子的曲线高于 97 百分位参考线，说明他可能过胖，当然了，最终还是要结合孩子的身长增长情况综合判断才能下定论。曲线图里最下方的 3rd 这条线，说明在统计过程中，有 3% 的孩子低于这一水平，无论是体重、身长还是头围，低于最低的参考线都可能提示存在发育迟缓的问题，这时候也需要让医生结合实际情况综合判断。如果孩子的测量数值在第 3 百分位和第

97 百分位之间，那就属于落在了正常范围里，其中第 50 百分位代表平均值。需要注意的是，这个平均值不等于我们要追求的极致，因为只要是统计结果，就一定得有 "中间水平"，所以没必要太执着于这个 50 百分位的参考线。

一般来说，孩子的生长曲线很少呈现匀速递增的态势，每条直线的倾斜角度都会有变化。如果在某段时间里孩子的体重曲线陡然上升，那说明这一时期孩子的生长速度比较快，家长就要警惕一下最近是不是过度喂养了，孩子出现了体重增长过速的情况；如果体重的曲线开始平缓下降，那也说明孩子存在生长发育放缓，或者停滞的问题，家长得及时从喂养、作息、运动这些方面开始排查原因，当然也要观察孩子是不是有不舒服的情况。

要是身长或者说身高的曲线开始平缓下降，那家长就更得引起重视了，为什么呢？因为一般来讲，孩子身长或身高的变化相对稳定，即便是得了急性疾病，也不会影响增长。所以如果说孩子长个儿的速度变缓慢了，那就得警惕可能出现了周期比较长的隐性问题，如喂养不当、慢性疾病等。

身长（高）、体重、头围的意义

大家可能早就发现了，我一直在用 "身长" 或 "身高" 这样的表达，这两个词明明是一个意思，为什么还要特意强调一下呢？其实这是和测量方式有关的，孩子平躺时候测得的数值叫身长，而站着时候测得的数值叫身高。通常孩子 2 岁前躺着测量身长，2 岁之后就要站着量身高了。所以如果仔细看身高的生长曲线图，会发现在 2 岁的时候，参考曲线有个"断层"，其实这就是因为测量方式在那个时间点变了，所以会出现错位。

相比起来，体重属于能比较灵敏地反应孩子生长情况的指标，受日常喂养、身体健康状况这些因素影响比较大。比如孩子这几天拉肚子，那体重可能会迅速下降，但是病好了之后，体重又会比较快地涨回去。所以从体重的曲线图上就能比较容易地观察到最近一段时间的养育行为是不是出现了问题。

头围的情况经常被人忽视，事实上对于小婴儿来说，这个指标其实也很重要，因为头围的大小和增速能间接反映孩子大脑发育是否正常。如果孩子的头围过大或突然增长过快，有可能是脑积水或脑肿瘤导致的；而头围过小或增长太过缓慢，那说明可能存在脑发育不良，或者囟门闭合过早等问题，这些情况都需要带孩子到医院进行进一步的检查。测量头围时可以采用四点定位法，分别是两条眉毛各自的中间点，还有两个耳尖对应在头上的点，确定之后用一根线或者软尺经过这四点，绕头部一周就能得到宝宝头围的数值。

测量头围的方式相对简单，而测身长、体重时就得讲求点技巧了，否则很可能会影响生长曲线的准确性。一般来说，给孩子测量身长的时候，要选在他安静、放松的状态下进行，测量的时候让孩子躺在床上，伸展身体，然后一个家长将两本比较厚的书分别抵在孩子的头顶和脚底，之后另外一个大人抱走孩子，再用尺子测量两本书之间的距离。给孩子量身高的时候方法类似，就是让孩子靠墙自然放松站立，之后用一本书水平放在孩子头顶，在墙上留下个印记，之后量地面到印记之间的高度。

给孩子测量体重的时候讲究就更多了，特别是小婴儿，体重都会在几十克之间浮动，所以测量最好选在相同的时间进行，而且保证孩子的状态，甚至是穿着都基本一致。因为孩子在吃奶前后、排便前后，体重都会有差异。另外如果孩子在体重秤上哭闹挣扎，也会影响测量数值的准确性，所以要选在孩子情绪好的时候测。另外最好最大限度减少干扰因素，比如帮宝宝脱掉纸尿裤，只留贴身内衣，这样称出来的数值更接近"净重"。

隐藏在曲线中的健康密码

测完数值、画完生长曲线，就可以让它最大限度地发挥作用了。前文提到过很多没被家长发现的健康隐患，其实都能够从生长曲线里发现端倪，而在排查问题时，也可以重点思考生长曲线出现拐点之前一段时间的养育行为，这样也更容易找出引发问题的根源。除此之外，生长曲线还能帮助你减轻焦虑，比如有的家长反映孩子夜里睡得不好，或者感觉孩子最近吃奶量比以前少了，又或者孩子最近一段时间总是有些拉肚子，等等，让人特别担心。但是如果观察近期的生长曲线，发现无论是身长还是体重，增长趋势都正常，那家长就不用太过于担心，可以继续观察。

还有的家长说孩子最近两个月都不长体重，但是看一看身高曲线，发现曲线的整体趋势正常，然后结合孩子的月龄再判断，发现他正好是 14 个月，于是就很容易地推断出他很可能是刚学会走路不久，运动量突然增大，使得吃下去的饭都被消耗掉了。加上孩子的精神很好、每天也特别活跃，综合判断下来，家长就没什么可担心的了。

其实强调用生长曲线来评估孩子的成长，还有另外一个非常重要的原因，就是希望家长能慢慢地养成习惯，不再把自家孩子的情况和身边同龄宝宝去比较，人为地拉出一条所谓的起跑线，然后在攀比和焦虑中养育，做出许多违背生长规律、揠苗助长的事情。无论何时，家长都要记得，我们养的是人而非机器，在这个大前提下，我们既要懂得科学标准，明白如何科学解读，更要学会尊重孩子的特点，而非机械与教条地去追生长标准，钻研养育技巧，也就是我们从开篇就一直在强调的自然养育。

干货总结

从孩子出生起，就要定期测量身长（身高）、体重、头围等各项数值，并在生长曲线图表上描点，之后将各点连接，通过连贯的曲线来客观监测孩子的生长情况，并且正确解读孩子的曲线所处的百分位，不盲目追求"最高指标"。

第三部分

Part3

如何育

　　人们总习惯把"养育"作为一个词来说，但我一直觉得，其实这是两件事，"养"更多地关注生理健康，也就是"生长"，而"育"则更多地偏重心理发育。这二者之所以会被放在一起当成一个词，是因为他们虽然各有侧重，却又密不可分。如果把关注点过分聚焦在某个侧面上，养育重点都会出现偏差，效果很有可能不够理想。所以，在前面和大家聊了"如何养"之后，想继续来讨论一下"如何育"。

　　估计不少父母听了会眼前一亮："嘿，终于讲到我擅长的事儿了！"如果说"养"涉及不少医学常识，确实得抱着谦虚的心态好好学习，那么"育"就不用这种方法，毕竟天下父母都有个"官方身份"——孩子的第一任老师，这不是说明，每个家长天生就能教好孩子吗？养孩子的技巧不敢吹嘘，教育孩子还是很行的！但是，事实可能未必是这样。

01 家长别当孩子的第一任老师

老话总说"父母是孩子的第一任老师"，本意是想强调父母的言传身教对孩子的成长起着至关重要的引导作用，这个本意完全正确。不过，父母要是在育儿过程中没掌握好火候，方法不得当，一个不小心从老师变成了"私塾先生"，那结果可能就和初衷相去甚远了。

开讲之前，先得承认一个事实，这句口号的确实有些"标题党"的嫌疑，不过本意上我是想借助它来强调：在养育的过程中，父母的角色更像是个陪孩子一起长大的伙伴，而不是一味训诫、管束孩子的"严师"。如果把自己定位成了后者，难免会先对双方的角色有个预期，就是"你不知道的事我知道，所以你得无条件地服从我"，然后每天抱着居高临下的心态，以指导者的身份来和孩子相处，那么教育的结果很可能会和自己的期待差出十万八千里。而如果家长能把自己当成个有经验的伙伴，愿意和孩子一起成长，并且在这个过程中，以平等的心态去帮助孩子，这可能又是不一样的教育结果。

一个女孩的哭诉：爸妈不爱我了

之前，我就遇到过这样一个案例，妈妈带着 10 岁的女儿来看诊，说孩子本来性格特别温和，乖巧又听话，就是那种"别人家的孩子"，可是最近不知道怎么回事，突然就变得难管起来，在家一言不合就发脾气，在学校也是时常顶撞老师、和同学吵架。有一天还当着老师的面把手机摔在了地上泄愤。妈妈想了半天，也没总结出什么原因，家里最近也没发生什么特别的变化，于是就担心女儿是不是心理出了问题，越想越害怕，只好跑来向我求助。

如果光听妈妈的叙述，这个小姑娘的性格无缘无故地出现了180度大转变，心理好像确实出现了一些问题，可是就在我还有我们的心理医生和孩子深入聊过之后才发现，问题并不出在这个小女孩身上，而是出在她父母那里，这又是怎么回事呢？

原来，这家是龙凤胎，家里还有个哥哥，而最近爸爸妈妈的一些做法，让小姑娘觉得爸爸妈妈爱哥哥胜过爱自己，所以情绪才会变得很低落，莫名其妙发脾气。你肯定好奇，这对父母究竟做了什么"重男轻女"的事，让小姑娘这么委屈，导致性格都变了。用小女孩自己的话说："爸爸妈妈不信任我，哥哥做什么他们都不管，我做一点儿小事他们也要指手画脚，总管着我、监视我。"我一听，嘿……家长的这个"罪过"可不小啊！

我和心理医生又转移阵地去和妈妈聊，谁承想妈妈听了我们转述的这些抱怨，委屈得几乎要掉眼泪了，她说："我们就是因为她是女孩，所以就更偏爱多一点儿，对哥哥反而不怎么管，我们还怕哥哥心理不平衡呢，这怎么还管出情绪来了呢？"

不知道大家看到这里，有没有发现问题症结，所有的矛盾都集中在这个"管"上。父母觉得"管"代表爱与关心，这是自己身为"老师"的职责，但对于一个 10 岁的女孩来说，过多的"管"就代表着束缚，甚至是对自己的不尊重和不信任。

大夫，我儿子好像心理有问题

所以说，家长与其把自己定位成一个老师，不如当成孩子的伙伴，这样可能更容易放下身段，"蹲下来去看孩子的世界"也许能发现更多的精彩。说到这里，我想给大家讲另外一个故事，有一次，有个爸爸带5岁的儿子来体检，检查结束后突然低声地问我，今天能不能让儿子看一下心理科，他觉得孩子的一些想法好像"不太正常"。

原来，小朋友前几天画了一栋楼房，整栋房子是上宽下窄，像个楔子一样"钉"在了地上，爸爸攥着手机给我看照片："您看，我拍下来了，他的画，这房子一看就立不住啊，我给他讲了原理，还做了个模型，边演示边讲，结果倒给他讲哭了，然后就开始发脾气，越讲道理还闹得越凶，这孩子是什么情况？难道有什么心理障碍吗？"

结果你肯定猜到了，孩子根本"没情况"，出问题的还是大人的交流方式。我们的心理医生和孩子聊过之后，也终于揭开了那栋房子的秘密：小男孩想的是，如果房子上面设计得很大，就能挡住太阳，这样出门时就不会被晒到了。看，多有童趣的想法啊！如果以成年人的视角看，这个房子的设计的确不符合物理学原理，甚至用房子挡太阳的想法也是匪夷所思，但是如果能够让自己从孩子的视角看待事物，你会发现这绝对是闪闪发光的想象力，也是独立思考的标志，更是问题解决能力的萌芽。这些能力可都是家长们平时挖空心思想要培养的呀。

至于孩子为什么会对爸爸发脾气，小男孩直接给出了特别小大人的答案："我觉得他不尊重我的设计。"其实翻译一下，这个怒火更多地来自对家长居高临下态度的反抗——爸爸根本没有问问儿子，为什么要这么设计，想法是什么，而是把关注点放在了孩子的知识漏洞上，甚至试图帮忙修补。所以孩子起初生气的是爸爸对自己想法的忽视，后来生气的是爸爸对自己情绪的忽视。

忽视情绪这一点也是很多家长的"通病"。其实细说起来，也不能说是忽视，反而是太重视，看不得孩子情绪不好，只要孩子一哭、一闹脾气，就必须立刻、马上采取行动，让他情绪趋于平静，甚至开心起来，但这样真的好吗？

> **干货总结**
> 蹲下来才能看见孩子的世界，父母最好把自己定义成孩子的伙伴，带着尊重的心态，用自己的经验去引导他成长，必要时给予平等的辅助，而不是始终处在居高临下的地位，用"管理"和"说教"来约束孩子。

O2 孩子不需要天天都快乐

每个家长都希望家里始终充满欢声笑语，所以每当孩子表现出不高兴时，家长的第一反应都是"赶紧消灭掉这种负面情绪"，然而事实证明，孩子郁闷时，家长的很多干预措施往往都事与愿违，为什么会这样呢？

先认同情绪，后解决问题

大多数父母心里都有这么个想法：我的孩子，最好天天都乐乐呵呵的。所以看到孩子郁闷、暴躁时，不少家长的第一反应就是孩子不值得为一件小事闹脾气，又或者是，检讨自己做得不够好，惹孩子伤心了。甚至还有种家长会想，这孩子是在发脾气"挑衅"我吗？

但其实，家长要冷静下来想想，孩子虽然年龄小，但也是人，自然也和成年人一样，面对各种事情会产生不同的情绪。虽然有些事在大人看来确实没什么大不了，可在孩子看来就是天大的郁闷，也是不快乐的根源。既然感觉到不快乐了，又不太会调节和疏导情绪，所以孩子大多只能用哭闹的方式表达出来。看，这么一想，孩子日常发脾气简直就是再正常不过的反应了对不对？

所以，要想让孩子大部分时间都快乐，家长首先要承认一件事，那就是孩子有权利不快乐。认同了这个前提，我们才能积极地和孩子一起去面对他的那些不良情绪。我不知道大家有没有这样一个体会：大部分时候，我们看似在解决孩子的问题，但事实上仔细琢磨琢磨，我们更多的是在帮助孩子处理他的情绪。

这孩子总无理取闹，让人头疼！

比如，之前有一对父母带着 4 岁半的孩子来看诊，用妈妈的话说，父子俩每天不吵上几架一天就不算完，儿子无理取闹，搞得大人脾气暴躁。他们也想过理解一下孩子，可是问他为什么哭，不仅说不出个所以然，反而还哭得更厉害，搞得家里异常吵闹。最后父母实在没办法了，只好来诊所向我们的心理医生求助，这夫妻二人最大的心病，就是想知道怎么才能"搞定"家里这个动不动就莫名其妙发脾气的孩子。显然，这对父母都觉得症结是在孩子身上，所以他们的主要诉求也是解决"孩子的问题"，但是有句老话叫"一个巴掌拍不响"，同理，孩子的极端负面情绪也绝对不会是无中生有的。

我们的心理医生详细问了每次发生冲突时的具体情况,结果发现,每当孩子表现得"气不顺"时,爸爸的第一反应基本都是给孩子讲道理,想让儿子赶紧从"坏情绪"里走出来。这个反应我很理解,它也是成年人的惯性思维,希望用道理平复情绪。其实前面那个画倒房子的小男孩的爸爸,遇到的也是这种情况。爸爸看到孩子生气了,第一反应是让儿子的坏情绪赶紧消失,于是就着急给讲道理,觉得理说通了,自然气也就顺了。但家长换位思考一下,成年人盛怒之下,都很难做到用理智控制情绪,让孩子通过"想明白"来做到"不生气"也有些太过理想化了。

所以说,相比简单地纠正行为,父母日常更多要做的是观察孩子的情绪,然后再进行引导。至于情绪引导的整个过程也是要分步骤的,总结起来就是"认识——认同——表达——疏导",下面逐个来说。

不过在详细解释之前,我提醒大家一件事:养孩子不是操作机器,按照"说明书"一步一步做就可以了。每个孩子都有自己的特点,生活中发生的状况也是千差万别,所以父母要做的还是在掌握了理论之后,蹲下来先看清自己孩子世界的特点,然后再灵活运用。

认识情绪,有这个必要吗?

先来说帮孩子认识情绪这件事,有的家长听到我这个建议时,第一反应是:孩子那么小,怎么知道什么叫情绪?而且他不高兴就是不高兴,认识情绪有什么用呢?回答这个问题之前,我先给大家讲一个我自己的故事。当年我刚到儿童医院时,樊教授让我研究呼吸机,然后再给大家讲课。那时候因为是新人,加上科室里的同事都是严格的老前辈，我就特别想把这个任务完成好，于是常常一宿一宿地不回家，就为了研究明白那些机器和说明书，好做足准备，在第二天早交班的那5分钟里不丢脸。

但是一段时间过去，我开始莫名其妙地感到心里不对劲儿，仔细想想也没有什么具体原因，既没领导批评我，工作上又没有什么阻力，但是就是觉得情绪特别低落，工作效率慢慢地受到了影响。我还发现，在这种低落状态下我就只能干活，手上有事干心里就踏实些，但只要一闲下来，心理那股难受劲儿就又出现了。这到底是怎么回事？我开始莫名烦躁。

后来有一天樊教授突然对我说："小崔，你做得很认真，这很好，要坚持，但是别有压力。"我才猛然间意识到：我是不是因为太想干好了，所以不知不觉地焦虑了啊？要是按照耶基斯多－德森的倒U形曲线来说，我就属于动机过高，导致效率下降、焦虑上升，反而影响结果了。后来，我就有意识地放平心态，调节自己的状态，果不其然好多了，效率也上去了。

讲这个故事就是想告诉大家，认识清楚情绪有多重要，如果我当时没意识到自己是焦虑了，而是继续那么"糊里糊涂"地郁闷下去，那无论是自己的状态还是工作的结果，肯定都要受到不少的影响。也是从那时候我开始意识到了人学会关注自己的情绪有多重要。当然了，认识了情绪之后，就该做下一件事了——接纳它，而落到家长对待孩子的情绪这件事上，就是认同这种负面情绪。

嘿，这个大人竟然鼓励我哭？

给大家举个发生在我们诊所里的例子。每天都有很多小朋友来接种疫苗，有的孩子就会比较抗拒，这时候有的家长就会安慰孩子说"没事，不疼的"或者"你很勇敢，疼一下没什么"。但事实上，肉眼可见的这种安慰方式基本没用，孩子该抵触还是抵触，有时候甚至哭得更厉害。

有一次，一个4岁的小男孩来打疫苗，边哭边使劲攥着自己的袖子，不肯露出胳膊，妈妈在一旁急得满头大汗，反复只说一句话："就一下，阿姨打针不疼！你是个男子汉，怎么还不如小宝宝呢？你看人家几个月的小孩儿都比你勇敢。"结果妈妈越说，孩子越哭，甚至开始使劲儿扭着身体挣扎。

这时候我们的护士开口了："阿姨问你，你是害怕疼的感觉，对不对？"孩子脸上挂着泪珠点点头。护士接着说："阿姨也特怕疼。"孩子可能觉得这个大人不按套路出牌，眨巴着眼睛安静了片刻，边淌眼泪边继续听。护士接着说："你知道我疼的时候怎么办吗？让妈妈抱着，哭出来，就觉得没那么疼了。"孩子好像听呆了，他大概是头一次遇到劝自己哭的大人。护士又问："你要不要试试阿姨这个方法，看看管不管用，怎么样？"

妈妈在一旁听了，顺势上来抱住了孩子，护士赶紧给皮肤消毒，然后把针扎了进去。孩子嗷的一声又大哭起来，不过这时候针已经打完了，护士边给贴小创可贴边说："嘿，你跟阿姨打完针的样子一样。"孩子听完，抹抹眼泪，虽然还在抽泣，不过情绪明显平静了不少。

其实，孩子的要求并不高，他只是需要他的情绪得到大人的认可和理解。如果说，我们不能认同这种情绪，他就会觉得自己害怕打针是不对的，由此产生羞愧感，甚至是内疚的感觉，这种情绪和害怕交织在一起，很难被安抚。但是听见护士阿姨说自己一个成年人竟然也怕疼，甚至也会哭，认同了自己的情绪，自然就比较容易平静下来了。

表达情绪，需要后天学习

家长在认同、理解孩子的情绪之后，任务还不算全部完成，下一步就是帮孩子学会表达情绪。这个过程也是为了让孩子明白一个道理，就是无论你有什么样的情绪，爸爸妈妈都可以理解，因为情绪没有好坏之分，但是表达情绪的方式就不同了，有些错误的表达负面情绪的方式可能会伤害别人，或者损坏财物，也有可能伤害到自己，这些方式都是不被允许的。所以教孩子适当地表达负面情绪也是父母的重要任务之一。

我曾经看过一个研究报告，说人的情绪虽然是天生的，但是表达情绪的方式却要依靠后天学习，而且掌握适当地调节和疏导情绪的技巧还需要一个漫长的过程，这就要求家长既有方法，又有耐心。而对于孩子来说，在表达情绪时最需要学习的就是明白行为的界限，也就是什么是恰当的，什么是不妥的。如果界限不清晰，那么孩子非但很难好好地管理自己的情绪，还有可能产生各种各样的行为问题。

所以我也很想提醒大家，我们总说父母应该无条件接纳孩子，但是这个接纳后面的宾语，是指感受而非行为，如果把这二者混为一谈，那么教出来的很有可能就是所谓的"熊孩子"。比如有些孩子会在生气或者遇到挫折的时候，用发脾气、摔玩具，甚至是打别的小朋友等方式来发泄，家长要做的是接纳这些糟糕的情绪，不要质疑"有什么大不了，值当这么生气吗"，或者一味质疑"这种事发脾气有什么用"。

但对于孩子的行为，当时还是要平静地制止，而且在孩子的情绪平复了之后，家长也必须告诉他刚才那些用来发泄的做法是错误的，下次遇到同样的情况，怎么做才能让自己感觉好一些，比如可以尝试用语言讲出来，可以画出来，可以想想自己嘴里在喷火，也可以让妈妈抱一抱，但是无论如何，打人、扔玩具都是不对的。如果缺了后面这一步，那孩子很可能会觉得自己表达和宣泄情绪的做法没毛病，那么他就很难学会控制情绪。

这其实也是自然养育的一个典型过程，先尊重，再理解接纳，然后引导。三个步骤缺一不可，特别是如果忽略了引导那一环，父母就等于在消极地接受孩子任何情绪表达的方式，孩子也始终没有办法学会用适宜的方法表达自己的情绪，这无疑会给他日后顺利融入社会造成障碍。

四个步骤，让孩子远离"无理取闹"

再说回那个 4 岁半的小男孩，心理医生在找到问题的症结后，也给了孩子父母几个建议。第一，成年人要先转变心态，允许孩子有负面情绪。第二，每当气氛变得紧张时，家长先别着急理性分析，而是先调用感情，尝试和孩子共情，找情感上的连接。第三，明确地向孩子表示，我理解你的情绪。这一步很重要，因为很多时候孩子表现出来的"犟"，多数是因为他们的情绪没有转过弯，如果我们能表现出认同，让他的情绪得到理解，事情就好办了。第四，帮孩子学会面对这种情绪。前面提到过一些方法，说出来、画下来等都可以，总之要帮孩子给负面情绪找个出口。

最后，我们的心理医生也提醒那对父母，以后孩子正哭的时候，别着急问他"为什么哭""你怎么了"这样的问题。且不说孩子有没有能力总结出自己的感受与想法，单从情绪调节的角度来说，想回答这个问题也是个不小的挑战。换位思考，如果你心里正莫名烦闷，有个人非追着问你到底怎么了，为什么不高兴，你感受到的是被关心的暖意，还是无比上头的暴躁？恐怕大概率是后者，毕竟要是想回答这个问题，就需要负责逻辑思维的那部分大脑去工作，可是它正因为专注于烦躁而罢工了，于是你的情绪没被安抚，大脑还多了一重挑战，整个人就更郁闷了。

后来我们做月度随访时，家长说在调整了交流的方式之后，孩子的情绪明显好多了，虽然有时候还会发脾气，但是能在比较短的时间内平复下来，而且发脾气的频率也明显降低了。看到这，有的家长可能会说："我也知道情绪管理特别重要，所以我家孩子特别小的时候，我就送他去早教班上情绪管理课了。"我认为这个做法没错，但也是不那么全面。为什么呢？因为"上早教班"不一定就是"做了早教"。

干货总结

孩子和成人一样，也会有各种各样的情绪。在孩子郁闷时，最重要的不是消灭这种情绪，而是面对。在这个过程中，父母要根据自家孩子的特点，大致按照"认识——认同——表达——疏导"的顺序，有步骤、有策略地帮助孩子处理情绪。

03 早教其实不等于早教班

说起早教，家长通常第一反应就是给孩子报早教班，随之就会产生一系列的疑问，该怎么选择早教班？哪些课程是必上的？为什么上了几节课也看不出什么效果？其实，当家长陷入这样的纠结时，对早教的理解已经开始产生偏差了。

早教到底是要教些什么？

很多家长都问过我这样一个问题："孩子要不要上早教班，如果上，哪个早教班更好？早教班里的哪些课程最该学？是大运动课、艺术课，还是情绪管理课？"只要一挑起话题，家长的问题简直就是"轰炸式"的，而我每次都开玩笑说："早教班这个问题跨界了，我可答不上来，如果想说早教，咱们可以聊聊。"

家长往往听到这句话时，都会先愣一下，我能猜到这种内心的疑惑：早教和早教班不是一回事吗？怎么崔大夫说一个能聊，一个又不了解呢？我说说原委，早教班是教育机构，属于教育培训行业。而早教讨论的是关乎孩子整体发育相关的知识，这就和我擅长的领域有关了。其实，费了这么多笔墨，还是想让大家意识到这节标题那 10 个字背后的含义。早教跟早教班不能完全画等号，后者只是前者的一个实施形式而已，真正负担着早教责任的，并非专业早教机构的老师，而是父母。

为什么这么说呢？我们要先从"什么是早教"这个话题开始，我也问过很多妈妈，好多人的回答是，就是"教"吧。他们抱着这种想法特别容易遇到新的问题：家长觉得自己不是专业老师，自然也教不好，所以就会把孩子送去早教班，或是完全寄希望于早教机、早教应用程序等。我还是那个观点，这些东西都没错，但不是全部，更不是早教的重点。

那么早教是什么呢？按照"学术"一点儿的说法，早教其实就是给婴幼儿提供各种条件，促进他的生理、认知、社会化、情感等各方面的发展。翻译成通俗的话，早教其实就是生活，妈妈讲的故事、爸爸唱的歌、全家一起做的游戏，这些互动都是可以称为早教，都对孩子的发展有不可替代的益处。

父母——最该承担早教任务的人

大家理明白这个思路，也就更容易想通这个道理了：早教起源于家庭而不是早教机构，家长才是需要承担更多早教任务的人。写到这，留给父母的任务自然也就来了，家长要想给孩子合适的早教，就要先了解不同月龄的发育特点，这样才能做到"有的放矢"和"投其所好"。比如4个月大的小婴儿，正是该锻炼颈背部力量的时候，那么平时的活动里，以趴这个姿势为主的游戏、互动就可以多安排一些。

了解孩子不同阶段发育特点的另一个好处，就是可以避免给他安排的游戏或任务"超纲"，让活动失去引导的意义，也让孩子有挫败感。比如有些家长比较心急，过早地让孩子尝试写汉字，但是对于学龄前的孩子来说，精细动作还在发展过程中，控制笔的能力还需要慢慢练习，可以尝试操作各种物品，也可以试试画画，但是写字这种对于精细动作要求比较高的任务，对他们来讲就有些难。孩子写不好，没有成就感，可能会失去兴趣。

又比如，出生后头一两个月内，孩子其实喜欢看黑白卡这种对比明显图片，要一直到6个月左右，他对颜色的辨识能力才和成人差不多。所以不能一味地给两三个月大的孩子看色彩太丰富的图，否则对他来讲就是超出能力范围的挑战。还有家长会对着一两个月大的孩子用闪卡，每张图只停留几秒就快速闪过去了，这样做的初衷可能是想培养孩子的专注力，但是对于还没做好准备接受这种刺激的小婴儿来说，这样快速、大量地接收信息，反而是种负担。

说这些例子就是想告诉大家，在了解孩子特点后再开始早教有多重要。而且从另一个角度来说，也不至于孩子的发育情况出现问题时，家长却无法及早发现。比如我曾经遇到过一个孩子，来看诊时他已经快3岁半了，家长主诉感觉孩子"不太对劲"，检查之后最终确诊为脑瘫。但是为什么会拖到这么晚才就医呢？原来家人从孩子很小的时候，就意识到他的发育有些异常，但是和周围的孩子比较，又感觉孩子的情况并没有那么严重。就这样一来二去，孩子长到了3岁多，和同龄孩子之间的能力差异已经大到无法被忽视了，家长才带孩子来找我，但是3岁多的脑瘫患儿，康复训练的效果已经很有限了。这是个让人听了心情非常沉重的例子，说出来也绝对不是为了让大家恐慌，看看自己的孩子，总也担心是不是有什么没发现的隐性问题，而是借由它告诉大家"了解何为正常"的重要性，这也恰恰是给孩子提供优质早教的基础。

早教急不得，慢工出细活

反复讨论早教是什么也是想进一步帮家长们明确早教的目的。如果说早教的行为是渗透在生活里的，那么这些行为对孩子的影响便不会是立竿见影的。而且很多时候，这些作用可能发生在我们根本看不到的地方，比如给孩子充分的安全感、帮他塑造良好的性格等，这些都不是一日之功，家长也不可能在瞬间感受到孩子的变化。所以，大家不能期待经过几次所谓有意识的训练，就开始期待预期的效果，也不能因为结果没有让自己满意，就觉得训练的目的没达到，然后沮丧地放弃努力。

大家对于早教班的预期更是不能过高。我们要知道，早教班确实有它不可替代的优势，能弥补家庭早教欠缺的那一部分，比如几个孩子一起上课，通过完成老师安排的游戏任务锻炼协作性，孩子之间的自由交流也能培养社交能力，等等。但是家长绝对不能期待早教班可以成为一个让孩子迅速"变身"的魔法箱，送进去一个普通小孩，他几个月后就变成个"完美天才"，这种期待本身也不符合人的发展规律，更是和自然养育的理念背道而驰。

曾经有个妈妈对我说："我根本没想让早教班教孩子学会什么特长，我就是想把孩子的'特短'补平。对早教班更是没什么期待，能多一个和小朋友相处的机会已经挺好了。"在我听来，这就是个很通透的想法，用"木桶理论"看待早教，让孩子的大运动、精细动作、语言、认知、社会适应五大方面齐头并进，有个"不瘸腿"的坚实基础，才能谈日后的发展。

DHA 真的有那么神奇吗？

再聊聊另一个和早教有点儿关系的话题：DHA。之前也有不少家长问我："如果多给孩子补充部分 DHA，孩子会不会就更聪明，早教的效果也就更好了呢？"这个问题不能简单粗暴地用"会"或"不会"直接回答，要先从大脑的工作原理说起。

我们都知道，大脑是人体的总指挥官，它分泌的各种激素影响着人的生理发育，而人的智力发展又要依赖大脑快速有效地处理信息。在和他人交往的时候，大脑又帮助我们去判断别人的意图、情绪，还有处理和表达自己的情感等。大脑处理信息的基本单位是神经细胞，也叫神经元，这些神经细胞之间靠突触来传递信息。

DHA 又在这里面起什么作用呢？ DHA 是一种多不饱和脂肪酸，在常温下状态比较稀薄，而对于大脑的神经细胞来说，如果组成细胞膜的脂类是比较容易凝固的饱和脂肪酸，那么信息的传导自然会相对比较慢，这种情况下人会比较迟钝。于是，我们的祖先在进化过程中就选择了用不饱和脂肪酸来组成神经细胞表面的脂类，以增加细胞膜的流动性。流动性越强，信号的传导也就越快，体现在人的外在表现上，就是反应快，显得很机灵。也就是说，就是 DHA 能提升神经细胞间信号的传导速度，使得人们习惯把它和聪明挂上钩。

因此，DHA 并不是什么神秘的特殊营养素，只是一种脂肪酸而已，孩子自然不可能因为单纯地多补充它就变得更聪明。脑科学研究也发现，孩子出生后，就通过看、听、闻、尝、触摸这些方式来接收外界信息，恰恰是这些丰富的刺激在促进着大脑的发育，让孩子到了两三岁时突触的数量远远高于成人，拥有特别大的发育潜能。

当然，万事过犹不及，突触通路太多也会给孩子造成困扰，那就是信息很难准确快速地到达目的地。所以孩子的突触数量在三四岁达到顶峰之后，就会开始根据生活中的各种体验慢慢被修剪，这样信息也能传递得更有效准确。在这个发展的过程中，有用的通路会越用越顺畅，而没用的通路自然就"废弃"了，少了无用之路的迷惑和干扰，大脑的工作效率就更高了。那么哪些因素又会影响这些通路的修剪效率呢？你可能也猜到了，就是良好的家庭环境，也就是我们前面提到的，早教发生得最早也最自然的地方。而这个环境里，又包括丰富的物质和稳定的情感两方面。

想做好早教，就需要"烧钱"？

物质自然就是指适当的玩具、绘本这些学习素材。当然我们说物质丰富并不是鼓励大家无限制的消费，买很多特别贵的玩具，或者给孩子囤上几柜子绘本。既然说早教应该是随时随地，在最自然的场景下发生的，那么家里丰富多样的物品都能成为孩子的玩具。比如不同厚度的纸、毛线团、橡皮泥，甚至是日常吃的水果、蔬菜、米面，这些不同材质的物品都能给孩子丰富的触觉体验。而用空纸盒做成的小鼓、装了豆子的矿泉水瓶，都能成为培养孩子节奏感的好玩具。

有些家长也曾经问，那些很贵的声光电玩具是不是在训练效果上更胜一筹？但其实仔细观察就会发现，这些"高级玩具"虽然能吸引孩子的目光，但很难让孩子保持兴趣，而像积木这样看上去没什么技术含量的玩具，反而更容易激发孩子主动学习的潜力。我们诊所的候诊区有很多玩具，其中有个挺高级的小猴玩具，只要按下一个按钮，猴子就会翻跟头还发出有趣的声音。这个玩具确实吸睛，几乎所有的孩子都会从一堆玩具里先选中它，可他们通常都是没玩几分钟就丧失兴趣了，转而去玩汉诺塔、串珠、积木这些需要自己操作的玩具，而且玩起来时间很长，也特别专注。

其实这个结果也很好理解，翻跟头的猴子确实有趣，但孩子只需要按下一个按钮任务就全部完成了，剩下的时间完全没有挑战性。而玩需要自己操作的玩具时，孩子更有掌控感，也会在玩的过程中随时遇到各种挑战，比如玩积木时，无论是放、排、堆，还是推倒，这些操作孩子都可以根据自己的想法来，而且对小手的精细动作能力也有要求，换句话说就是对孩子来讲有一定的挑战性，如果任务完成了，他自然会有成就感。而且，通过变换不同的摆放方式，孩子还可能会发现4块大积木排起来比4块小积木排起来要长；5块积木摞起来比3块积木摞起来要高些；2块三角形的积木拼在一起，可以变成一个方形……这些不经意间的发现，不仅让孩子自学了数学知识，还让他体会到了探索的乐趣。

所以，我们说丰富的物质并不等于要求家长花费大量金钱，源源不断地给孩子买新玩具，而是要求家长多花心思去开发。家里的瓶瓶罐罐，室外的泥土花草，其实都可以变成孩子的玩具，帮助他认识世界。

千万别误读了"高质量陪伴"

情感自然就是父母稳定乐观的情绪、对孩子的爱还有陪伴。现在很流行一个词，叫"高质量陪伴"，很多家长也认识到了它的重要性，不过却也存在着不小的误解。高质量不等于要一刻不停地哄孩子，陪他玩、逗他笑。这种情况下，其实是家长在主导，孩子只是被动接受。这种互动产生的效果其实和让孩子玩那些声光电玩具有些相似——家长显得很亢奋，孩子觉得很无聊。

此外，小孩子本身能集中注意力的时间很短，如果家长一直不停地说话、逗笑，那么孩子很可能就会迷失在这些信息里，能静心来自己观察、自己动手、自己体验的机会反而少了。所以说，**高质量的陪伴要求的是父母心态上的投入和关注，并不是一刻不停地和孩子互动，更不是包办代替式的照顾。**而且，有时候这种不恰当的关注太多了，不仅没好处，还能起反效果，就比如宝宝学说话这件事。

干货总结

早教的目的是帮助孩子认识和适应社会，其实生活就是孩子最好的早教课堂。从孩子出生的那一刻起，早教就开始了，父母积极了解孩子的生长发育特点，提供适宜的环境和活动机会，才是给孩子最好的早教。

---

04 真的是贵人语迟吗？

孩子两岁了，却还迟迟不肯开口说话，家长焦急的同时，就会情不自禁用"贵人语迟"来安慰自己。可是，这句老话真的成立吗？遇到这种情况，是要继续"干等下去"，盼着孩子自己开口，还是可以做些什么呢？

孩子不肯说话，全家人的焦虑

标题里的这句话是一个奶奶问我的，她家小孙女 2 岁 2 个月，可是仍然不怎么开口说话。奶奶抱着小孙女坐在我对面，犹犹豫豫地问我："大夫，你说是不是贵人才语迟啊？"老人家的眼睛里充满了对肯定答案的期待，不过明显语气透着不自信，大概她心里也觉得这句话本身没有科学性。我正组织语言，想着怎么解释能让老人好接受一些，坐在一旁的妈妈开了口："崔大夫，您说这孩子不会有什么问题吧？其实她倒也不是一句话不说。"爸爸问的更直接："我们老怕她智力有问题。"

既然窗户纸被捅破了，我反而好交流了，我说："2岁2个月的孩子应该能用几十个词和一些短语来和熟悉的人交流了，不过别着急下结论，先检查一下再说。"

然后我开始问家长孩子日常和小朋友交流的情况。奶奶说因为自己腿脚不是很方便，所以平时不太带孩子出去，遇见陌生的小朋友，孩子也不怎么喜欢说话，让她和大人打招呼的时候，也有些认生。妈妈说周末带孩子去儿童乐园这些地方的时候，一般也都是父母陪着她玩，她不怎么和别的孩子有互动。

我们说话之间，孩子大概是等得不耐烦了，开始哼哼唧唧表示不满，扭动了两下，看了奶奶一眼，抬起一只小胖手，用另一只手的食指不停地在手心里戳。我正奇怪，奶奶特别自然地掏出手机问："大宝儿想看动画片了呀，看××××好不好？"说话间，已经调好了手机递到小孙女手里，孩子瞬间安静了，满足地看起了动画。我和黄大夫都看愣了，正琢磨在这祖孙之间的暗语是如何形成的时候，爸爸一语道破了天机，妈妈和奶奶堪称家里的两个高级翻译，两个人还时常一起切磋，研究怎么破译宝宝的那些暗语。当爸爸和爷爷搞不懂时，奶奶就会上手指导，以便能给孩子提供更贴心的服务。这种情况下，这孩子还有什么说话的必要呢？

我正想试试孩子真实语言发育情况的时候，机会来了。5分钟一集的动画片结束了，孩子想让奶奶帮忙"换台"，一抬头却被黄大夫手边的小狗玩具吸引了，她扭头看了眼奶奶，大概又想靠暗语发号施令。我一看，这可不行，机不可失！于是我迅速冲黄大夫使了个眼色，他马上会意，故意问小女孩："你是想要什么呀？"小女孩见奶奶没行动，反而是个陌生的叔叔跟自己说话，有些不耐烦，"嗯嗯"地扭动着身体不理黄大夫。眼看着奶奶要出手了，我又看了眼奶奶，暗示老人家忍住，还是爸爸反应快，干脆拽着奶奶出了诊室关上了门，临走还不忘示意妈妈也别说话。

水落石出，竟然是"贵人语懒"

这个配合好，我一边心里暗暗称赞爸爸，一边故意接过话茬问："你是想看这个鼠标吗？"孩子摇摇头，开始看妈妈，妈妈微笑着保持沉默。而我则坚持不懈地打岔："那你是想要这支笔吗？"孩子再瞟一眼妈妈，又回头望了望门口，大概是确认真的没有"外援"能帮忙了，只好扭过头来自食其力："拿小狗。"黄大夫顺势把小狗递过去，说："给你，拿着吧。"孩子害羞地接过去之后，用小得几乎像叹气一样的声音说："谢谢。"

语法正确、发音清楚，而且还很有礼貌。我也基本确认了，这孩子可不是贵人语迟，而是贵人语懒。不过虽然"破案"了，我心里还是有个疑惑，即便家里有妈妈和奶奶这两位高级翻译，但爸爸和爷爷怎么也不和孩子说话呢？细问之下才知道，爸爸经常出差，每个月在家的时间有限，爷爷因为自己普通话不好，习惯说方言，所以当着孙女就不敢说话，怕把口音带偏。

对于学说话的孩子来说，交流的时候除了语言，说话的声调、语气、表情、手势、情绪等，都是辅助沟通的一部分，综合在一起才是完整的交流。而这个过程对于孩子学习和掌握语言的意义不容小觑。所以，这也是我不推荐用故事机让孩子学语言的原因，我始终特别鼓励家人和孩子说话，哪怕是说方言，毕竟来自家乡的声音也是他基因的一部分。至于爷爷担心的把孩子口音带偏，其实孩子生活的大语言环境都是普通话的环境，出现这种情况的概率实在是太小了。

语言发育，遵循这些规律

既然谈及"语迟"的问题，就有必要跟大家说说孩子语言发展的一般规律，毕竟有标准在，才能更客观地判断语言发育的早和晚。一般来说，孩子在两三个月大的时候就能发出简单的音节，像是 a、wo、o 等等，而且孩子发出这些音并非无意为之，他们很多时候是在借助这些语言和家长互动。到了四五个月大的时候，孩子会尝试模仿成人的发音，发出时高时低的语调，特别像是在玩儿发音游戏。六到九个月时，很多孩子开始比较积极地模仿身边的人说话，也能发出不同的音节，听到自己的名字会有反应。

1 岁左右时，孩子就能发出比较清晰的单音节了，比如 ba、da、ga、ma，甚至还能发出 mama、baba 的音，让很多父母激动的"第一声"就是这个阶段出现的，孩子在这时候还能理解简单的词语和句子。到了 1 岁半左右，孩子开始能遵从简单的指令，并且使用肢体语言表达自己的想法，比如摇摇头表示"不"，也能说出"爸爸""妈妈"

之外的一些词，并且说把两个词组合起来的短语，像是"妈妈走""爸爸拿"等。

2岁左右的孩子平均能说出50个生活中常用的词，比如身体部位、水果等，还能说出包含2~4个词语的短句。

到了3岁，孩子就能用简单的句子进行表达了，也能说出自己的全名，他说的话大部分都能被听懂，基本可以和人进行"无障碍"的日常交流了。

孩子学说话，家长别当"翻译家"

和大运动发育不同，人类的语言发展并不是水到渠成的，而是要靠不间断地、反复地接受语言刺激。我常开玩笑说，想让孩子学会说话，家长就得先当个"话唠"。的确，家长不厌其烦地示范还有重复，对孩子来说都是宝贵的输入过程，对语言能力的发展起着至关重要的作用。而且，优秀的语言示范不能"空说"，要结合场景和行为，比如带孩子外出时，为他描述一下花草的颜色；喂孩子吃水果时，和他说说水果的名称；和孩子拥抱时，对他说一句"我爱你"……这些过程都是在潜移默化地帮孩子建立语言和环境、动作、情绪之间的联系。

反过来，家长也得多给孩子创造开口的机会，避免像案例里的妈妈和奶奶那样，做了孩子的"高级翻译"。具体来说就是，当孩子用眼神、手势或者表情提出需求的时候，别马上满足他，而是以故意"犯错""打岔"引导着孩子用语言表达出自己的需求，几次之后让孩子明白，说话比一切暗示都能更快地让自己的需求得到满足。

哦，宝宝渴了，来喝口水。

啊、啊。

嗯、嗯。

哦，宝宝热了，姥姥给你扇扇。

两岁半了吧？还不开口说话吗？

贵人语迟嘛……

家长过于主动地迎合孩子的需求，会让他失去锻炼语言的好机会。

应该让孩子明白，用语言说出来比一切暗示都能更快地让自己的需求得到满足。

当孩子用眼神、手势或者表情提出需求的时候，不必马上满足他，可以用故意"犯错""打岔"等方法为他创造开口的机会，引导他用语言表达出自己的需求。

孩子说话晚？可能是这个原因

接下来再说说那些孩子学说话的过程中特别常见的问题。排在第一位的自然就是说话晚，这个晚里并不包括懒得说，而是指那些真的对语言掌握得比较慢的情况。关于这个问题，孩子要经过很长一段时间的练习，才能熟练地运用语言。所以，如果在你觉得孩子"应该"学说话的那个阶段里，他正忙着练习其他短期练习就能操作得很熟练的新技能，那可能学说话这个相对困难的任务，就会被孩子排在"技能练习表"上比较靠后的位置。也就是说，孩子不是不会说，是还没腾出精力来认真练习。比如，有些运动能力发育比较超前的孩子，语言发育可能就相对慢一些，因为这段时间他的注意力都在"练体育"上了。

所以，家长在坚持引导孩子练习说话时，除了不断帮孩子加强语言输入，耐心也很重要。多给孩子些时间，让他按照自己的节奏来完成语言练习。当然，如果家长发现孩子根本没有说话的欲望，或者说语言发育比前文提到的标准滞后若干个月，又或者发现孩子好像根本注意不到、听不懂家长在说什么，那就需要提高警惕，带孩子去医院检查，排除智力发育障碍或听力缺陷这些问题。

口吃的问题，能自己"好"吗？

第二件容易让家长闹心的事就是口吃，这个问题高发在 2 岁多的孩子身上。很多时候，家长刚刚沉浸在孩子会说句子的喜悦中，就突然发现：天哪，孩子怎么"结巴"了呢？其实，孩子在这个阶段出现口吃，大多只是语言能力发展过程中的一个现象。2 岁多的孩子大脑已经转得飞快了，不过词汇量储备却没有那么多，于是时常就会出现"小嘴儿跟不上脑子"的情况，一到着急表达自己的时候，可能就口吃了。除此之外，孩子在感到恐惧、有压力，或者紧张的时候，说话也可能会结结巴巴，这一点和成年人很像。

所以如果孩子只是偶尔口吃，其余时间的表达能力都还不错，那家长就不用特别担心。千万别催促孩子"快点儿说"，或者要求孩子"好好说"，而是应该专注、温和地看着他，给他足够的时间说出想说的话。如果孩子用错了词、发音不准，家长也别因为觉得好玩就故意重复，这样做不仅会伤害孩子的自尊心，也会给他压力，这种情况下只需要语气平静、吐字清楚地告诉孩子正确的说法就可以，让他慢慢地学习该怎么正确表达。

不过，如果孩子到了3岁多还是经常出现口吃的情况，家长就要关注了，最好带孩子去找医生进行专业的评估，看是否需要有针对性地进行校正。不过无论什么时候，家长都不要擅自下结论，或者自己在家强行给孩子纠正，操作不当的话很有可能会让孩子心生抗拒，反而会让口吃的问题变得更加严重。

孩子发音不清，长大就能好吗？

第三件常会困扰家长的事就是说话时发音不清了。一般来说，我们排查的思路是先看孩子有没有舌系带过短的问题。舌系带就是连接舌背和口腔底部的一根细长的黏膜系带，要想判断它的长度是不是正常，可以让孩子伸出舌头看是不是能自如运动。如果确实舌系带过短，那就需要进行治疗。

在排除了舌系带的问题之后，就要考虑孩子是不是能自如地控制舌头，以及口唇肌肉力量的问题了。如果孩子长时间频繁吃手，2岁多了还特别依赖安抚奶嘴和奶瓶，那么就有可能造成口腔畸形，导致口齿不清。除此之外，咀嚼能力弱也可能让孩子说话不清楚。

遇到这些问题该怎么办呢？简单来说就是"戒"和"练"，比如孩子已经两三岁了，还吃手，有依赖安抚奶嘴和奶瓶的习惯，自然是要想办法戒掉。至于练，则主要是练舌头和口唇肌了。曾经有个3岁多的小男孩，原本是来例行体检的，但是我发现他个别字母发音就是不清楚，比如把p发成b，如果让他说"婆婆"，听起来就像"伯伯"。我和父母交流了一下，原来他们也注意到了这个问题，起初采取的措施是强行纠正，但是并没什么效果，而且孩子甚至开始有些抵触说话了，于是夫妻二人又想：算了吧，是不是长大就好了？

其实这两种做法都不太妥当，强行纠正会给孩子压力，让他丧失信心，而寄希望于靠时间解决，后果就有些不可控，万一孩子长大后这个问题并未改善，再矫正就非常难了。所以当时我们让孩子去了口腔科，医生给孩子安排了一个任务，每天吹10~15分钟气球，如果觉得太无聊，也可以吹羽毛、吹纸条、吹乒乓球，这个看似简单的任务，其实就是在训练孩子的口唇肌肉力量。差不多过了一个半月，孩子来复查时，p的发音已经清晰了很多。

咀嚼，先有动作再看效果

至于咀嚼对于语言发展的重要性不言而喻，从孩子吃第一口辅食时，咀嚼训练就应该开始了。我总说孩子是"先有咀嚼的动作，再有咀嚼的效果"，6个月大的小婴儿即便出了牙可能也只有一两颗，没办法嚼碎食物，但是嚼的动作或者嚼的意识确实应该从这时候就训练起了。家长在给孩子喂米粉、菜泥时，自己嘴里也可以嚼些口香糖，让孩子模仿嚼的动作，慢慢地孩子才会形成"嘴里有食物时要嚼一下才能咽"的意识。而等到孩子再大一些，家长一方面要及时调整辅食的性状，让孩子逐渐接受颗粒大一些的食物，另一方面也可以给孩子啃带有少许肉的大骨头之类的食物，创造更多嚼的机会。

"贵人语迟"的案例说了这么多，它告诉我们了解科学的标准、掌握科学的方法有多重要。如果不了解所谓的"正常为何物"，那么家长不仅没法给孩子提供适宜的成长环境，还可能给自己带来一些莫名其妙的焦虑。

干货总结

人的语言发展需要引导，家长在孩子学说话期间，要和他多交流，不间断地、反复地提供语言刺激，还得注意为孩子创造说话的环境，让他有开口的机会。另外，为了让孩子清晰发音，口唇肌肉训练也不能忽视。

05 这孩子是不是有心理疾病？

关注孩子的成长，除了身体健康，心理发育情况自然也不能忽视。不过，这些年我在临床发现，"有心理问题"的孩子越来越多，家长的担忧也是五花八门，这究竟是怎么回事？现在的孩子心理真的那么脆弱吗？深究起来，真相有些耐人寻味。

绝望，我的孩子得自闭症了！

心理发育这两年越来越受重视，这无疑是件好事。毕竟，人的健康不仅仅涉及生理，也关乎心理，而且二者之间是互相作用的。这也就是为什么在我们的诊所里，对于每个来看诊的孩子，我都要求医生要开具四个处方：医疗、运动、营养和心理。只顾一方面一定会跑偏的。

不过，我要提醒家长的其实是重视的尺度这件事。在关注过度、信息了解得又不全的情况下，特别容易出现"关心则乱"带来的恐慌。你可能说："有这么严重吗？您又吓唬人。"真的有！我再分享一个案例。有对父母带着4岁8个月的孩子来看诊，起初，爸爸妈妈故意没让孩子进诊室，而是让一同来的孩子姥姥在候诊区陪着孩子玩。妈妈刚一落座，就拿出了一本《家校沟通手册》给我看，说他们今天就是想来咨询孩子的自闭症问题，又觉得当着孩子说不太好，所以她支开了孩子。

我赶紧接过手册看，上面是幼儿园老师的评语，内容写得十分委婉，但是意思也很明确，主要是说孩子在幼儿园的脾气不太好，不太喜欢和小朋友沟通，出现矛盾的时候喜欢用尖叫、发脾气的方式解决，希望家长配合教育。妈妈说："我在书上查了查，他这算是社交障碍了吧？自闭症的孩子不就是会社交有问题吗？"

妈妈还说，后来带孩子去过一个培训机构，那里的老师通过孩子的画发现孩子有自闭倾向，建议在他们那里报一门课程进行干预治疗。这个结论让妈妈更慌了，越发觉得孩子有问题，比如她平时出去不怎么爱和别的小孩说话，在家和爸爸妈妈交流也很少，有时候叫她名字都不答应，而且只要一言不合就会发脾气、摔东西。父母都觉得幼儿园和培训机构老师的评语，再加上平常观察到的这些蛛丝马迹，足以确定孩子就是得了自闭症。他们现在满脑子的想法都是：这么大了才发现问题，还有救吗？

我一边安抚家长情绪，一边梳理思路，确实自闭症的干预和治疗是件需要长期坚持和毅力的事情。如果真的确诊，对这个家庭的挑战可不小，而且孩子又比较大了，再过一年多就要面临上小学等问题，这些事情是否会受疾病影响，现在都还是未知数。担忧的同时，我在脑子里飞速制订了诊疗计划——我先初步诊断，然后再请我们的心理医生借助心理量表和更细致的测评进行全面评估，之后制订干预治疗方案，毕竟无论是多糟糕的情况，我们总要向好的方向努力。

虚惊一场，症结原来在这里

主意已定，我安慰这对父母说："先别着急，一切看完孩子再说。"不一会儿，姥姥带孩子进来了，小姑娘穿着粉色的小纱裙，头上还戴了粉色的发卡。我发现她进门的第一个动作就是环顾诊室，接下来是看看我，然后又看了看我旁边的黄大夫，之后才有点儿害羞地垂下了眼睛。其实，和小姑娘目光接触的瞬间，我的心就放下了一半，那好奇的眼神完全不拒绝交流。我假装不经意地说："你好，请坐，你的卡子可真漂亮呀，谁给你买的？"小女孩没说话，挨着妈妈坐下了，不过脸上掠过一丝满足的微表情，大概是对我的夸赞很受用。我又问："你今年几岁啦？"小女孩不说话。我继续："刚才护士阿姨给你量身高了吗？"还是沉默……妈妈憋不住了，说："您看，就这样，不理人，拒绝交流……"

我示意妈妈安静，我说："接下来交给我，您和爸爸先不参与。"然后，我问小姑娘："咱俩做个游戏怎么样？你看我这有好多道具呢。"我指了指墙上的壁挂诊断检查设备，很多来看诊的孩子都喜欢摸一摸、玩一玩。小女孩看了一眼，果然眼睛也亮了。我从墙上取下了检耳镜，说你看看这个，能亮，套上检耳镜检查套可以看耳朵里面，你试试看妈妈的耳朵。小姑娘试了试，笑了。我又问："你长大想不想当医生？"小姑娘说："想，我想当妇产科医生。"第一次听见她的声音，细细的，很柔和，这声音在我听来，简直比音乐还悦耳。接下来我们聊了为什么要当妇产科医生，关于小宝宝的事。边聊我边让她自己脱鞋上诊床去接受检查，全程都特别配合，而且情绪也很好。

这样的交流互动情况肯定不是自闭症了呀。我的心彻底放下了，扭头看了孩子的爸爸妈妈，二人已经呆了。我让孩子和我们的心理医生阿姨再去测评室"做会儿游戏"，诊室门刚刚关上，妈妈就惊呼："怎么可能呢？"爸爸也说："她在家确实不这么跟我们聊天，有时候说话就跟听不见一样。"

接下来就到了找原因的环节了。原来，孩子的爸爸妈妈工作都比较忙，在家时间有限，平时主要是姥姥和阿姨带，都说隔辈亲，姥姥又心疼孩子不怎么能见到父母，于是就宠得多一些。孩子在这种娇惯之下，确实性格就有些"娇情"，但也并非完全不讲道理。而爸爸妈妈一旦在家时，就很想多承担管孩子的责任，结果就是这一"管"，出了问题——两个人在公司都是高管，交流的时候情不自禁就会发号施令，四五岁的孩子肯定不吃这一套，于是就干脆采取不听不理的对策，被逼急了就会用发脾气、摔东西的方式发泄。

一个技巧，帮孩子认识情绪

自闭症虽然排除了，但并不意味着什么事都不需要做，这对父母接下来的工作重点，一是改变自己的交流方式，二是要教会女儿怎么学会识别、面对和处理自己的情绪。比如我之前看过一本绘本，是讲情绪认知挺有名的书，书里给每种情绪都赋予了一种颜色，比如黄色代表兴奋、红色代表愤怒、蓝色代表伤心、黑色代表恐惧、绿色代表平静、粉色代表爱等，颜色让情绪变得具象化，也让孩子更好理解。

比如有一次，两个孩子在候诊区吵起来了，一个 4 岁多的小姑娘用候诊区的积木搭了个城堡，玩了一会儿之后，她就跑开去看绘本了。过了几分钟，小女孩又回到了城堡旁边，发现她苦心营建的城堡被另外一个小男孩推倒了，而那个孩子正在津津有味地搭高塔。小姑娘看见自己的工作成果就这么被破坏了，瞬间崩溃，大哭起来，边哭边喊："你毁了我城堡，你赔我！"小男孩呢，当然一脸懵，他不明白怎么自己老老实实玩公共区域的玩具，就惹怒了这个小姐姐。

看见小男孩的反应，女孩愈发崩溃，这时候小女孩妈妈出手了，不得不说她的处理方式真的让人很想点赞。这位妈妈先是坐下来，然后让女儿坐在自己的腿上，母女二人面对面，妈妈给女儿擦了擦眼泪，然后来回摩挲小女孩的后背，孩子的情绪明显就平静了一些。然后妈妈问："你现在是不是感觉到了红色和蓝色？有点儿生气，还有点儿伤心。"小姑娘抹着眼泪想了一下，点了点头。妈妈又问："妈妈抱着，哭出来，蓝色是不是少了好多？"小女孩又点点头，不过马上又生气地说："可是那个小弟弟把我的城堡给破坏了！"看女儿的情绪只剩下"红色"了，妈妈开始用语言疏导，她问小姑娘："公共区域的玩具你不玩了，其他人就有权利按照自己的想法玩，对不对？你搭城堡的时候，小弟弟并没有来干扰你，后来你走开去看绘本了，说明积木你不想玩了，小弟弟再去玩，是不是很正常？"妈妈的一席话，显然打开了小姑娘心里的疙瘩，她完全平静了下来，擦擦眼泪又去玩了。

我给来看诊的父母也讲了这个故事，其实孩子面对一些事情的时候，会有很多情绪交织在一起，他们仅靠自己的能力辨识不清，自然就没办法排解，最后乱作一团的情绪只能用发脾气这样暴风骤雨的方式发泄出来，而且还未必能起到很好的调剂作用。所以当孩子情绪不好时，家长要做的就是帮助他们梳理，认清楚当下有几种情绪交织在一起，然后再一个一个地用不同方式去疏导。

孩子爱动，不一定是多动症

虽然关注孩子心理真的是件好事，但是也不要因为了解到零星的信息就随便给孩子贴上标签，否则先有定论再看行为，怎么看怎么不对劲，不仅给了孩子压力，也让自己焦虑。我曾经遇到过一位妈妈，她忧心忡忡地来找我，说怀疑自己2岁多的儿子有多动症，原因是孩子特别好动，用妈妈的话来说是"几乎一秒钟都不闲着"。但事实上，仔细观察孩子就会发现，他虽然确实很活跃，但如果遇到了感兴趣的事情，完全能够沉下心来专注其中，那么这种情况下给孩子贴上多动症的标签显然就有些武断了。

多动症的全称是注意缺陷多动障碍，也就是说孩子经常会做出一些自己没法控制的、没任何意义的动作，而且对任何事情都提不起兴趣，注意力也不能集中，不能安静下来。了解这个定义的全貌之后再去观察孩子的行为，就发现那个孩子的状态和多动症完全没有关系，只是单纯的性格外向、活泼好动而已。

不过也要提醒大家，很多时候孩子注意力不能集中，看上去有些"多动"，很可能和日常的养育方式有关系。比如孩子正认真地玩玩具，家长在一旁看着觉得这个玩法"不对"，于是就热心地上前指导，让孩子按照正确的方式玩。这种做法虽然出于好心，但会无形中破坏孩子的专注力。所以，如果你反思之后发现自己也时常有这种热心打扰孩子的做法，那么最好调整一下，如果孩子正在认真地专注于一件事情时，多给他些自主思考的空间和时间，不要横加打扰。

别捕风捉影，了解全貌再判断

关注孩子的心理发育的确是件好事，但是我在临床中发现，家长因为"只知其一"而给自己平添烦恼的情况真的不少。所以，我还是坚持那个建议：想做到用科学育儿，家长一定要先静下心来了解科学知识的全貌，知道孩子在不同年龄、不同情况下，什么属于正常，哪些才是真正的可疑迹象。当然，除了进行知识储备，还有个更重要的前提，就是放平心态，否则你可真的会发现日常处处是纠结。

干货总结

关注孩子的心理问题时，千万别因为了解到了零星的信息就给孩子随便贴标签，无论是自闭症还是多动症，都有各自的综合表现，不能只靠个别现象下定论。并且确诊时，也需要专业医生，借助专门的量表和专业手段进行全面评估。

06 电子设备到底能不能看?

随着时代的发展，电子设备出现在我们生活的每个场景里，学习、工作、休闲，处处都离不开，但是它对视力保护的不友好也是众所周知。在这样的矛盾之下，家长心中难免生出深深的纠结，电子产品到底能给孩子用，还是要全面禁止呢?

与其纠结是否用，不如关注怎么看

这个问题要是问小月龄孩子的家长倒是还好，基本所有人都会不假思索地说"不能"。可要是问两三岁孩子的父母，10个人里有9个半肯定是在纠结。让看，怕伤孩子的眼睛;不让看，又觉得不那么现实，毕竟生活在现代社会里，哪里都躲不开这些电子设备。而且从另一个角度来说，一个什么动画片都没看过的小孩跟同龄人聊天都难免有断层，一不小心就落伍了。等孩子到了五六岁，家长的纠结也跟着升级了。各种网课必须得借助电子设备才能完成，不让上课吧怕耽误孩子学习，可让孩子上课吧，他每天盯着屏幕这么久，视力可怎么办?

顺着年龄捋下来，有件事就先明晰起来，对于"电子设备，到底能不能看"这个问题，生活和现实其实已经帮家长准备了答案:婴儿时期，不需要，不用看;两三岁了，需要更多媒介认识世界，加上有为社交时储备谈资的需要，可以开始适当地看;再大一些，有学习的需求了，电子设备作为一种辅助工具，就更无法避免地要使用它。

那既然终归躲不开一看，家长要关注的就是该教孩子怎么正确用眼，尽力保护孩子的视力健康。有个妈妈跟我说:"我一般都是让我女儿看15分钟电视，然后就休息一会儿，看看书，或者玩玩积木什么的。"前半句绝对正确，不过后半句就不太对劲了。为什么呢？因为看书、玩积木也都是在用眼，并不是让眼睛休息的方式。

使用电子设备，这些事要注意

先说设备，一般来说，电视优于电脑，电脑优于平板，平板优于手机。大家可能也发现了，总的来说就是，越大越好。现在很多手机或平板都有投屏功能，有条件的家庭可以将观看内容投到较大的屏幕上。注意屏幕中心点的高度应略低于孩子的视线。当然了，设备上实在没法实现的话，就从用眼习惯上下功夫。

第一件事是要保证光线合适。一个是孩子看电子设备时要在光线充足的室内进行，光照强度应大于300勒克斯。勒克斯是什么呢？它是光照强度的单位，至于如何测量家里的光照强度，大家可以从网上买数字照度计，自行测量，并不是很复杂。另外，还得把电子产品屏幕调整到最舒适的亮度，亮度与周围环境的光线差不多即可。屏幕太亮或太暗，孩子看屏幕比较费劲，都容易产生眼疲劳的问题。

第二件事是距离。各位小时候学写字的时候就听过"一拳一尺一寸"这个标准，也就是学习时，胸口要距离桌子一拳，眼睛距离书本一尺（大概33cm），握笔手指距离笔尖一寸（大概3cm）。现在升级到电子产品了，距离的要求也变大了，一般要求观看距离是电子产品屏幕对角线的3~5倍。以平板为例，屏幕对角线长度大约是25厘米，那么观看距离至少要75厘米，相当于成人手臂的长度。

第三件事是时间。有个法则叫"20、20、20"，是说孩子每看20分钟，抬头远望20英尺（约等于6米）的距离20秒。家长可以用沙漏或计时器给孩子计时。如果难以做到精准控制时间，也要有间隔休息眼睛的习惯，休息时可以站在阳台上望向远处或者到室外转一圈活动活动。所以，这么看，那个妈妈让孩子用看书和玩积木来休息眼睛的方法就不太科学了。

户外运动对护眼这么重要？

我们的眼科主任常说，孩子每天至少要保证2小时的户外活动时间，因为户外的自然光线能促进眼底视网膜释放更多的多巴胺，多巴胺能减慢眼轴长度的伸长速度，这样就起到了预防近视的效果。因此，户外活动简直可以说是孩子保护视力的关键因素了。也有家长会问："阴天的时候出去还有用吗？"绝对有用，即便是阴天，户外的光照强度也能达到将近10000勒克斯，而室内的光线再好一般也达不到500勒克斯，差异至少是20倍！

不过也有家长说："道理我都懂了，夏天也能尽量坚持，可冬天也太难了。"有个家住东北的妈妈特别幽默："我的妈呀，这要三九天搁外面戳俩钟头，不得冻成冰凌子呢。"一句话逗笑一屋子人。首先有件事可以明确，就是户外时间是累计的，不一定非要持续在外面冻两小时。第二是即便在户外，也不能"戳着"不动，比如大点儿的孩子可以和小伙伴约着跳绳、跳皮筋、踢足球、打乒乓球、打羽毛球，这些运动既能锻炼身体，也能起到很好的视觉训练效果。如果约不到伙伴，家长和孩子一起散散步、疯跑一会儿、走路去趟超市，也都可以算作是户外活动，还能增进亲子关系。这样碎片化的时间拼起来，你会发现一天凑够两小时的户外时间没那么难，也没那么痛苦。对于小月龄的孩子来说，天寒地冻时出门确实有困难，那就可以把阳台利用起来，家长抱着孩子站在窗前让他多见见阳光、看看天空，借着形状各异的云彩给孩子讲讲故事，既是亲子时光又能培养孩子的想象力，算是一举三得。

定期查视力，防患于未然

还有件事要特别提醒大家，就是记得定期给孩子检查视力。有家长说，我家孩子才几个月大，绘本都没开始看呢，查视力就没必要了吧？其实不然，小月龄的孩子就需要开始关注远视储备情况了，并不是像家长想的"还没开始用眼就不用操心视力"。而且定期的视力检查，能够追踪孩子视力的变化情况，做到防患于未然，避免或者延后近视的发生。另外就是日常生活中，如果各位发现孩子有眯眼、喜欢靠近看或者歪头看这些情况，也最好尽快带孩子去眼科检查，保证及早发现问题、及早干预，让治疗效果更理想。

远视储备这个词需要再多解释一下。孩子出生的时候基本都是远视眼，度数在300度左右，也就是他的远视储备值，这是一种正常的生理表现。而这个储备随着孩子慢慢长大，额度会越用越少，在这个过程中，孩子的远视也会变成正视，也就是视力正常。如果这个远视储备在儿童发育期就被早早用光了，那么孩子的眼睛可能就要近视了。反过来，如果远视储备能在孩子差不多10岁左右，眼球发育完成后再消耗完，那他患近视的可能性就会大大降低。所以孩子的远视储备最好用得越持久越好，定期的视力检查，目的之一也是为了随时了解孩子的远视储备情况。

用电子产品还关乎心理健康？

一般说到电子产品，大家第一时间想到的都是和视力有关的纠结，很少有人会想到它对孩子心理发育的影响。其实家长不妨思考一下这个问题：孩子跟节目或游戏里的人对话，和孩子跟妈妈聊天这两个活动的差别是什么？答案显而易见：前者缺乏人际互动。

如果孩子每天过分沉浸在动画情节或者电子游戏里，社交的时间就会被缩减，这显然不利于情绪情感的发展。虽然很多电子游戏也会注重互动性，但是那种感觉明显和与人交往的感觉不一样。比如我们日常和一个人对话时，即便只是简单的聊天，在交谈过程中我们也会注意到对方的面部表情、肢体语言，辨别语音语调的变化，感受对方的情绪和气场，闻到对方特有的味道，还有可能有握手、击掌等肢体接触……这一系列过程要同时动用多个感官系统才能完成，形成的社交体验也是综合而立体的，通过屏幕很难获得同等的体验。

有人说："我看电视剧、电影的时候也会被感动啊，这不是也是一种情感体验吗？"但是往更深一层想，即便我们被剧本的情节感动得一塌糊涂、热泪盈眶，本质上是因为节目内容唤醒了我们在生活里积累的情感记忆，引发了我们的共鸣。归根到底，这个记忆还是来自生活的真实场景。所以，如果孩子长期处在"人机互动"而非"人际互动"的状态下，那么一方面他很难收获切实的情感体验，对自身情感的发展并没有好处，另一方面也会让孩子产生孤独感。

父母日常和孩子的交流，真的真的很重要，能够帮助孩子在潜移默化中逐渐掌握社交技巧。当然，能做到这点的前提是父母的交流方式也要有技巧，比如"夸孩子"这件事，其中的门道就有很多。

07 夸孩子，原来也有这么多门道

夸赞原本是件令人愉悦的事情，真诚的赞赏可以传递出赞许、肯定和鼓励，让被夸的人更加充满干劲。不过语言确实也是门艺术，如果夸得不得当，效果好像还不如保持沉默。想当年儿子小的时候，我就吃过一次"不会夸人"的亏。

一句"真棒"，惹恼了儿子

我最初意识到夸人当中也有玄机是在十几年前。那时候儿子过10岁生日，我的一位朋友送了他一套机械拼装玩具，可以用零件自由拼搭，然后装上类似发动机的装置，成品就能动。儿子平时就爱琢磨这些，拿到这套玩具更是爱不释手，一下午没动地方，拼出来个能动的机器人，然后兴冲冲地叫我："爸爸，爸爸，你看！"我当时手上正忙别的事儿，看着机器人做了两个动作之后，就脱口说了一句：

"嘿，真棒！"没想到儿子的高兴劲儿一下就没了，还有点儿不满地问我："哪儿棒？"我没想到他会有这么一问，一时语塞。在这片刻沉默之间，儿子噘着嘴扭头走了。

我也挺委屈，虽然我当时手上忙着自己的事，可是我真的认真看他演示了，也是真的从心底里觉得很棒。一个 10 岁的小男孩，没人指导，靠自己研究说明书完成了设计、拼搭，让一堆零件变成了个机器人，还动了起来，不棒吗？而且，孩子正在活泼好动的年纪，又是个男孩子，能坐在一个地方一下午都不动地方，专注地干一件事，这也很棒啊。

但是为什么他听我夸他棒，还生气了呢？夫人一语道破天机："你这夸得也太敷衍了，一点儿都不真诚。"这是怎么回事？怎么还被扣上敷衍的帽子了呢？我心里不服，不由得就辩解起来，我把看见机器人之后的心理活动跟夫人说了，又换来了灵魂拷问："你看你想了这么多，刚才夸的时候怎么不说？"我仔细琢磨了一下，这话确实在理，我本来有四五个可以夸儿子的理由，结果却只简单地陈述了一个结论，还是听起来毫不走心就能说出来的三个字。难怪儿子有点挑衅地问我哪儿棒。一下午辛苦钻研就换来一句敷衍式的夸奖，换我也会不高兴。

从那次开始，我特别留意周围家长夸孩子的方式，我发现大多数人跟我有一样的"毛病"——夸得"敷衍"，为什么把敷衍两个字打引号呢？因为家长的目的不一定是想糊弄孩子，可就是夸得太不具体了，听起来就好像完全没走心，甚至"真棒"就像只说了句口头禅一样。而更巧的是，大部分家长对自己的不走心并没什么意识，随之而来的下一个问题就是：光说"棒"不行，那该怎么夸？这可问到点子上了，夸人这件事我也实践了快二十年，在家夸儿子、夫人，在诊所夸孩子、同事，还是有些心得的。

夸人原则一：内容具体

要是把夸人这件事总结成几个原则的话，第一个原则就是称赞的内容得具体，让孩子知道你夸的是什么。就像孩子接受检查时候比较配合，很多家长会说"宝宝今天真乖"或者"宝贝太棒了"。原本是好意，想鼓励一下孩子的优秀表现，可是这样的表达对于孩子来讲，可能就会让他有些蒙，弄不清楚爸爸妈妈到底在夸自己什么，棒在哪里，乖在哪里。如果说这样笼统的夸赞扣在了一天的行为上，那就更麻烦了，非但对孩子起不到什么激励的作用，还有可能让孩子认为自己今天做的所有事都是对的，对于还没什么分辨能力的孩子来讲，他也许就会把一些错误的行为当成值得鼓励的做法。

具体该怎么夸呢？大家想想我第一次在儿子那碰壁的例子，答案就不言自明了：具体指出孩子哪些事情做得好就行。比如孩子回家后，自己脱了鞋放到鞋架上，妈妈就说："宝贝今天自己脱鞋，还放整齐，真好！"又比如孩子晚上睡觉前主动自己检查书包，爸爸也可以夸："儿子今天自己想着检查书包，带齐课本，是长大了，真棒！"长此以往，孩子自然就能明白哪些具体行为是会被家长肯定的，需要一直保持。而父母具体的称赞也让孩子确定爸爸妈妈在关注自己，能感受到这表扬之中的真诚，日后也自然会更加努力。

夸人原则二：多看努力

第二个原则就是多肯定孩子的努力，别只夸他聪明。听多了"你真聪明"，人难免会像被催眠一样，生出几分盲目自信，孩子也一样。

而且更严重的是，一旦人的心里背上了"我很聪明"这种包袱，遇到事情的时候也很难再保持平常心态，很难再做到谦和低调，遇到事情总想和人一较高下，而且会不自觉地回避那些感觉比较难以完成的任务，毕竟万一事情没做成、失败了，那自己的"聪明"标签上从此就会沾上污点。各位想，如果孩子有了这样的心态，那岂不是真成了字面意思上的"聪明反被'聪明'误"？

所以说，相比夸孩子"你真聪明"，家长肯定孩子的努力、态度、坚持、勇气、创意、方法、条理性等会更好。比如，孩子会写数字了，爸爸妈妈可以说："宝贝反复练了那么多次，现在1、2、3写得又快又好，真是太棒了！"当孩子解开了一道有难度的应用题时，家长可以表扬他："题目虽然很复杂，但是你能利用昨天的解题思路找到突破口，这就是举一反三，很棒！"

夸人原则三：充满真诚

第三个原则是发自内心真诚地夸赞，千万别言过其实。在心理学上有个"皮格马利翁效应"，就是说人在信任、称赞和正面期待之中会真的变得越来越优秀。于是，很多家长就会毫不吝啬地夸奖孩子，期待靠这样的热情能夸出个完美宝贝。但不得不说，如果家长夸得太夸张，非但没有激励效果，反而可能会让孩子"麻木"。

我们先来想个场景，假如你只是完成了一项简单得不能再简单的例行工作任务，比如写了个300字的周报，领导看过之后，却一脸感动地高呼："我的天！你简直是个天才，周报不仅按时交了，还一个错字都没有！实在是太棒了，你是我见过的最优秀的员工！"这时候你内心会是什么感觉？怕是脑子里会抑制不住地蹦出五个字：领导有毛病。而且，以后领导无论再夸你什么，你可能都不会当真了，因为反正他的夸奖随口就来，根本"不值钱"。

放到孩子身上，这个心理感受恐怕是类似的。有一次在候诊区，有个4岁多的小女孩在画画玩，她先在纸上画了个圆，正准备继续，在一旁的妈妈惊喜低呼："啊呀！你这个圆好漂亮啊，怎么能画这么圆？你可真厉害。"小女孩一脸莫名其妙地看了看妈妈，又低下头不声不响地画起来，显然妈妈的惊叹在她心里根本没激起任何涟漪，这大概就是"尬夸"的典型场面了。相反，同在候诊的另一个小男孩，用几块积木搭起了一个高塔，然后求赞许地看了看身边的妈妈，妈妈其实一直都在关注着儿子，目光相遇时她面带微笑竖起了大拇指，小男孩得到肯定之后，脸上写满了高兴和自豪。所以，相比言过其实的称赞和夸张的表现，家长充满感情和赞许的真实评价，能带给孩子更多的满足感。

夸人原则四：不贬他人

接下来说第四个原则，就是夸奖千万别建立在贬低别人的基础上。有些家长喜欢比较，当看见自家的孩子超过了别的小朋友时，难免会觉得很得意，张嘴一夸，这心理活动难免也就被带出来了，虽然很多时候这种"夸一踩一"并没有恶意，也不是在故意针对谁，可是杀伤力却不小，很容易让孩子产生攀比的心态或者莫名其妙的优越感。举个例子，比如孩子在幼儿园得了全勤奖，兴冲冲告诉爸爸妈妈这月全班只有3个全勤奖，有些家长一听，可能情不自禁就会说："儿子真厉害，一天课都没落下，比别的小朋友都棒！"这种夸奖方式着实没什么必要，无形中会让孩子对成功的标准形成错误的认知，单纯地把超过别人当成追求的目标，这种夸奖之下的教育效果往往会适得其反。

夸人原则五：就事论事

当然，夸奖时除了不能踩别人，也别踩孩子自己，这是夸奖的第五个原则，夸就是夸，别牵扯过去和未来。比如有些家长会在孩子考试得了第一的时候说："不错，你看，只要你交卷子前，认真检查一遍，就能得100分，你上次考试怎么就那么马虎呢，那么明显的两个错字都没看出来？"我能理解家长的本意是想借这次成功，顺便总结一下过去失败的经验，让孩子以后能做得更好，但再把那句话仔细琢磨一遍，就不难发现这种"追溯过去式夸奖"本质上等于埋怨，而且杀伤力更强，给孩子本来高兴的心情突然泼了一大盆冰水。如果总这么夸孩子，真的不如不夸。

另外一种夸奖方式更可怕，比如家长对孩子说："这次考试得了100分，很不错，下次也得努力得满分啊！"又或者"你这都连续三次考试100分了，这么棒，下次考试肯定也是满分。"这种"寄语未来式夸奖"激励作用不大，制造的压力可不小，相当于让孩子自己被自己的成功绑架，如果我是孩子，可能心里会想：我这次还不如考90分呢，下次考试的时候还能有个出错的机会。又或者孩子会产生一种错觉：我生来就是该得100分的。那么后面他一旦得不到，就会感觉很失落，不利于抗压能力的养成。

所以说，家长在表扬孩子的时候，务必就事论事，别发挥，只说当前这件事好在哪里就行了。孩子并不傻，他在获得成就感的同时也会默默总结自己过去的失误，同时对未来有所期待，只不过他没有说出来，家长也别积极地戳破这层窗户纸。

夸人原则六：夸在人前

第六个原则更像种技巧，要夸奖在人前，而且多强调具体的场景。有个细节大家可能已经发现了，父母在人前对孩子的态度能把对孩子的影响放大很多倍。所以家长如果当着人夸孩子，能让他有更强的成就感，后面努力的动力自然也会加倍。而且家长夸奖的时候，最好再强调一遍具体的场景，越是夸比较小的孩子，越要牢记这一点。

比如妈妈想跟爸爸转述孩子自己穿衣服这件事的时候，最好当着孩子明确表达："今天我们出门前，宝贝是自己穿的衣服和裤子，还自己拉拉链，闺女真是长大啦！"最好不要笼统地说："今天闺女可乖了！"对比这两种夸赞方式，前者能让孩子再次回忆起当时的场景，更明白妈妈为什么要在爸爸面前表扬自己，无形中强化了他的正确行为，同时也给了爸爸能继续称赞孩子的详细素材。第二种说法笼统到容易让孩子陷入困惑，爸爸也没有什么接下去发表感想的机会。

夸对孩子，事半功倍

最后总结一下，如果家长想正确地夸奖孩子，首先自己的态度要真诚，别太夸张也别太笼统，最好以具体的事件和场景为基础，让孩子真正明白自己哪些行为是值得称赞的。而且，我总是强调，夸孩子

家长夸孩子时态度要真诚，别太夸张也别太笼统，要让孩子真正明白自己哪些行为是值得称赞的。

正确的夸奖能帮助孩子认识到自己真正的优势和劣势，激励他不断努力，做得更好。

夸孩子的六大原则

称赞的内容要具体。
多肯定孩子的努力。
不要言过其实。
不贬低别人来抬高孩子。
就事论事，不比较过去和未来。
多在人前夸孩子。

07 夸孩子，原来也有这么多门道

是强化优点、淡化缺点的过程，所以表扬的时候家长千万管住自己的嘴，别说否定孩子的话。好的夸奖不仅是种交流方式，更能成为一种有力的教育工具，帮助孩子正确认识到自己的优势和劣势，激励他不断努力，做得更好。

不过，也有个爸爸听完我的"夸人心得"之后说："崔大夫，你还是心思细，还花心思研究这个。我就没这种困扰，我们家也是儿子，可我从来不夸，不高兴就不高兴，男子汉，从小就得进行挫折教育。"我一听，唉，这又是一个值得人深思的问题。

干货总结

夸孩子时，称赞的内容要具体、多肯定孩子的努力，发自内心真诚地夸赞，不要言过其实，夸奖不要建立在贬低别人的基础上，所有的称赞内容都不要牵扯过去和未来，表扬的话多当着他人说出来，而且要多强调具体场景。

08 孩子真的会越挫越勇吗？

生活条件越来越好，不少家长就会担心孩子在优渥的日子里变成温室中的花朵，禁不起任何风雨。于是"挫折教育"应运而生，有些父母为了让孩子学会坚强，甚至不惜制造挫折让孩子面对，这样做真的能达到理想中的效果吗？

培养抗挫能力，不是多"挫"就行

开门见山地说，用多"挫"培养抗挫能力，很难真的达到目的。大家不妨换位思考一下，如果每天都生活在否定里，受到各种或大或小的打击，你是会更加斗志昂扬，还是一蹶不振？当然不排除确实有些韧性超强的人，面对重重困难，依旧越挫越勇，最后突破自我取得了成功，但是对于大多数普通人来说，在接连不断的打击与重压之下，会做何反应，答案显而易见。那么再说回到这个问题，你为什么要求普普通通的孩子能越挫越勇呢？

其实父母的心情是完全可以理解的，现在物质条件越来越好，孩子并没有什么机会吃苦，家长会担心在这样的顺境下，孩子抗挫折能力"退化"，日后不能承受失败，这也是情理之中。于是这些年流行起一件事：挫折教育。确实，我们都希望孩子在面对困难的时候，能表现出坚韧不拔的品格，不退缩、不放弃，能够以独立的心态去迎接挑战，但是家长究竟通过什么方式才能培养出这种品格呢？

一个被"发配"欧洲的老朋友

先来说培养过程中的一些常见误区，比如有的父母认为，挫折教育就是在孩子遇到困难的时候，让他自己去面对，觉得这样有助于培养孩子的独立性、解决问题的能力，更有甚者，一些父母会刻意制造些困难，希望通过这样的方法提高孩子的抗挫能力，但是这种做法真的有效吗？未必。我这么说并非只是靠直觉，而是身边有太多的案例证明这种方法行不通。

比如我有个"老朋友"，是个 6 岁半的小男孩，这孩子从出生起，每月都会定时来找我健康体检。后来长大了，按说每半年甚至是每年来一次就可以了，但妈妈仍然习惯每月带他来找我一次，用她的话说："儿子习惯了，每月不见一次崔爷爷，就好像少点儿什么。"可是就在孩子 6 岁那年的夏天，我整个 8 月都没看见孩子，看预约记录，最近一次健康体检约在了 9 月的第一个周末，这孩子干什么去了？

再见面时谜团终于解开了，原来妈妈觉得儿子已经快 7 岁了，从小生活条件又比较优越，怕他上小学之后抗挫折能力差，于是就琢磨怎么能给孩子制造挫折。思来想去，发现欧洲游学夏令营看起来不错，孩子要离家半个月，没有家长陪伴，在陌生的环境里遇到一切困难都必须独自面对，这绝对是锻炼独立性、进行抗挫折教育的好机会啊！于是，妈妈想都没想就给儿子报了名，结果却事与愿违，6 岁半的男孩子虽说已经能够生活自理，但是乍一离家十多天，适应起来很难。这趟游学回来，孩子非但没变得独立，反而因为丧失了安全感，对父母更依赖了。

挫折教育的真谛

所以，要是想培养孩子的抗挫折能力，家长要先弄明白一件事：你希望孩子在挫折教育中能收获些什么？换句话说，借助面对挫折的这个情境，你想培养孩子什么能力呢？估计有些家长会说："挫折教育，顾名思义就是培养孩子的抗挫折能力呀。有了这种能力，孩子面对挫折的时候，就不会轻易被打倒，能像弹簧一样被压下去之后还能反弹回来，有韧性、百折不挠，这不是以后成功的必备素质吗？"这些出发点确实没问题，西点军校的一项研究曾证明，一个人是不是能在艰苦的课程中坚持下去，和个人的身体素质、智商等关系都不是很大，起决定性因素的是这个人是否具有百折不挠的品格。

动机正确并不代表方法无误，就像那个送年幼的儿子独自去欧洲游学的妈妈，我们真的有必要反思一下，为了培养孩子的抗挫折能力，真的必须让他独自面对重重困难吗？其实，很多父母没意识到自己在孩子面对挫折时有多重要，而这一点恰恰是挫折教育的核心。真正的挫折教育是父母陪孩子一起去面对挫折，有句话我们可能已经耳熟能详了：家是避风港，当你被社会上的挫折"逼疯"时，可以回到父母或爱人的身边来"避风"。

这句话其实也道出了挫折教育的真谛：父母的职责之一，就是陪孩子一起去面对挫折，当他遇到困难时，能给他提供认知、情感、思维方式上的全方位支持，让孩子的心能有个避风港，不会独自去面对焦虑和恐慌。所以，让孩子在父母的支持和引导下，慢慢形成抗挫折能力，这才是挫折教育的要义所在。

抓住机会，随时随地进行挫折教育

而且需要提醒大家的是，对于孩子来讲，挫折并不一定是我们想象中的轰轰烈烈。2岁孩子没办法把10块积木摞在一起，3岁的孩子涂色时总会涂出边界，4岁孩子不小心丢了一件心爱的玩具，这些对孩子们来讲都是挫折。在父母的眼中，每件事都属于鸡毛蒜皮，无足轻重，但对于孩子来讲，却属于需要费尽心力去面对的挫折。所以各位看看，生活对于孩子来讲已经挺难了，家长就别再刻意给他制造麻烦了。

那么家长可以做什么呢？其实最重要的就是抓住这些不起眼的"机会"，帮助孩子学会控制情绪、面对问题，再拓展思路去解决，最终走出挫折的困境。比如之前我曾经遇到过这样一个例子，有个男孩不小心把一辆塑料小车弄坏了，这大概是他特别心爱的一个玩具，小男孩沮丧地大哭起来。当时我们正在看诊，按常理来说，家长都会无比珍惜这半小时时间，尽可能地排除一切干扰因素和我交流。不过当时小男孩的妈妈做法却与众不同，她先跟我道了声对不起，然后把儿子抱在怀里，认真地安抚他的情绪："妈妈知道你很喜欢这个小车，现在它坏了你很伤心。妈妈心爱的东西坏了也会伤心的，咱们抱抱，你哭一会儿心里就会舒服不少。"

果然，小男孩在妈妈的理解之下只用了一两分钟就平静下来了，但是妈妈并没就此结束这件事，她反过来给儿子布置了一个任务："你想想，这辆小汽车的工作原理是什么？如果想修好它我们该怎么做？如果修不好了，我们还能拿这个坏汽车做什么呢？如果找不到别的用途，咱们能怎么纪念一下你这辆'死掉'的小汽车呢？"最后妈妈说："你先认真想想这些问题，等我和崔爷爷再说几句话，咱们出去做个方案。"小男孩果然安静下来，能感觉到他的郁闷情绪已经完全被排解了，开始安静地思考妈妈提出的问题，面对眼前的这个挫折。

这是个值得借鉴的例子，面对儿子的崩溃，妈妈没有说："不就是一个小汽车嘛，妈妈给你再买一个，别哭了。"因为对孩子来说，他对手上这辆小汽车是有感情的，买10个新的也替代不了这辆坏掉的车。而妈妈的做法让小男孩不仅学会了怎么面对和调整自己的情绪，也收获了问题解决的思路和方法，知道了在面对挫折时，该用什么样的思维方式去面对。照着这样的趋势发展下去，孩子的抗挫折能力一定不用愁。

记住，支持不等于溺爱

当然，挫折教育不是一日之功，需要长期培养。家长要在充分了解孩子的接受能力、个性特点的前提下慢慢渗透，从起初的全面支持到慢慢地尝试放手，最终让孩子收获坚韧的品格和活跃的思维，能淡定地独自面对所有问题。也有家长跟我说："支持太多那不是成了包办代替了吗？孩子以后还怎么自己面对挫折啊？什么都靠家长支持，最后的结果不就是长大'啃老'吗？习惯依赖、动不动就害怕、遇到事情只会逃避或崩溃，这不是在坑孩子吗？"

其实关于这个问题，重点是分清楚"支持"和"溺爱"的差异，后者确实是在毁孩子，前者则是帮助他成长的必要因素。道理很简单，如果说父母没给孩子足够的关心和支持，让他拥有充分的安全感，也没帮孩子在认知上准备好，在疏导情绪方面准备好，那么本质就像是在没有帮孩子备足弹药的情况下，就把他推上战场，让他手无寸铁地去和"敌人"肉搏，毫无防备地经受挫折，这种无准备之仗不仅起不到锻炼的目的，反而会严重地挫伤孩子的自信心和自尊心。

心理学上有个词叫"习得性无助"，就是人在反复经历失败，并且得不到帮助的情况下，很可能会对自己产生怀疑，而最终结果就是放弃自己。孩子因为对自己的能力认知不足，也没办法客观地去评价目标和困难、自己疏导情绪，所以就更容易对自己的能力产生怀疑，面对挑战或者挫折时出现无力感。这时候如果父母袖手旁观，不提供任何理解、支持和帮助，那么孩子在情感上无疑就会处在孤立无援的境地，非但没办法激发他解决问题的斗志，还会让他丧失安全感、自信心以及对父母的信任。所以说家长在挫折面前的支持绝对不是溺爱，而是让孩子在面对困难时依旧能够保持乐观的源泉，还有面对困难主动迎战的勇气。

挫折教育，一场需要坚持的持久战

也有家长问我："孩子面对挫折时，我该给的支持也给了，但他的抗挫能力怎么没什么长进呢？现在都七八岁了，做不出题来还是会崩溃大哭，考砸一次也能沮丧好多天，我这得支持他到什么时候才算完啊？"其实，这又牵扯到一个脑功能了——执行功能。简单来说，当人面对困境时，能够清晰地认识苦难，同时客观地评估自己的能力，再分析目标、有效调整情绪，思考各种策略并且根据目标和难度进行调整，最后解决问题以达到目标，这一系列都属于执行功能。

而大脑各个部分的发育并不是同步的，负责管理情绪的杏仁核发育比较早，而负责推理、决策、自我控制的前额叶发育比较晚，一般到人 20 岁左右才会发育成熟。从这个角度来讲，挫折教育是个"持久战"，家长真的不能操之过急，不能期待像教孩子认识数字或者 26 个英文字母那样，一两个月就能实现目标。

挫折教育要点一：足够的情感支持

家长如果想在孩子面对挫折时给他支持的话，具体该怎么做呢？第一件事当然就是情感上的支持，挫折之下，没有人心情会好，这时候家长要做的就是认同孩子的感受，然后帮他疏导情绪。就像前面那位妈妈，儿子因为玩具汽车坏了很伤心，如果妈妈这时候说"一个小汽车而已，至于吗"，那么孩子可能会在负面情绪里越陷越深；又或者妈妈用尽办法取悦孩子，说"哎哟，乖儿子不哭了，妈妈一会儿给你买冰激凌吃"，这种转移注意力的方式也许可以让孩子开心起来，但是同时也剥夺了让孩子体会和面对负面情绪的机会，以后仍然不知道该怎么独立处理自己的感受。

所以，家长正确的做法是，如果孩子正在面对困难，那么就让他知道，爸爸妈妈理解你的处境，也明白你的感受，我们会提供帮助，给你解决问题的思路和建议，让你能够渡过难关。如果孩子正在经历失败，也要让孩子知道，不管你有没有达到目标，爸爸妈妈都依然爱你，虽然成功能带来快乐，但是即便失败了也没有关系，如果你需要帮助，我们永远都是你的后盾。

当然这些支持不是靠喊出来的，父母不需要每次都得用语言表达自己的理解，甚至是描述一遍孩子的感受，说一遍自己的想法，很多时候一个温暖的拥抱、一个鼓励的眼神，即便没有任何附加的言语，也能让孩子明白父母的心意，感受到父母的理解和支持。而在这样的点滴积累之下，你可能会发现，有了安全感、对父母产生信任的孩子，在每次遇到困难时，不一定再需要依赖父母的帮助，而是有勇气去独自面对。

挫折教育要点二：帮孩子面对现实

情绪问题处理停当之后，第二步就是帮孩子接受失败。孩子得认识到一个事实：困难、错误、失败这些能带来负面情绪的事情，是生活的一部分，人会失望、伤心、失落都是正常的，要摆正心态面对别回避。

在这一点上，父母的榜样作用其实很重要，如果家长属于害怕失败的类型，那么孩子很可能也会在失败面前退缩。另外，如果家长常让孩子完成一些他的能力还达不到的事情，孩子往往也会对失败特别在意。

有个妈妈跟我说："我平时挺注意的，每次我儿子犯了错，我都会帮他分析，还告诉他没有失败就不会成功，可是这孩子一做错什么，还是显得特别紧张，看着好像心理压力很大似的。"其实很多时候，相比父母说出来的话，能对孩子产生更大影响的，是家长在日常小事中渗透出的态度。比如那位妈妈就常会不由自主地纠正孩子的错误，发现儿子有一点儿失误，就会迫不及待地指出来，而且干涉的范围简直事无巨细，像是打翻了牛奶、弄坏了玩具、蹭脏了衣服，面对这些点点滴滴，妈妈都得指正评论总结一番。

这显然就是问题的症结所在了，虽然妈妈的本意是想帮助儿子从失误里总结经验，但其实这个做法本身给孩子传递了一个新消息：错误或者失误是特别不好的事情，妈妈对任何问题都无法容忍。犯错可耻又可怕，一旦孩子对错误或失败有了这样的认知，面对挫折和困难时自然就很难有积极的态度，也很难从负面情绪中走出来。但是反过来说，如果一个人从心底认为错误不可怕，把关注点放在从错误中收获哪些经验，才能帮助自己进步，那么他就能排解自己的情绪，然后采取积极的行动。

挫折教育要点三：坚持正确激励

最后还想提醒大家，有些激励方式真的是不适用，比如"你没问题的！""加油，你是最棒的！""你看××已经做到了，你也可以的！"这些话听上去是在给孩子加油打气，但事实上带给孩子的内在感受未必是激励。比如"你没问题"听上去是对孩子的肯定，其实背后更多的是对成功结果的期待，孩子听到这句话之后的感受可能是：这件事太难了，但是爸爸说我没问题，可是要是我做不到，是不是证明我有问题？还是不做更安全些，这样爸爸就会一直觉得我没问题。你看，这种空洞鼓励带来的结果，很可能就是越鼓励孩子越放弃。所以如果家长想给孩子加油打气的时候，别只说一句"你可以""你能行"，记得多说两句，告诉他"可以"和"行"的原因，让孩子对自己的能力建立合理的认知，这样才能真的有信心去迎接挑战。

　　第二种帮倒忙的鼓励就是忽略孩子的感受。还记得前面我们说的怕打针的 4 岁的小男孩吗？妈妈说："你看人家几个月的小孩儿都比你勇敢。"原本是想鼓励儿子，告诉他其实打针这件事没那么可怕，很"简单"。但是其实，对于每件事来讲，不同的人感受不一样，打针对那个小男孩来讲，就是一件恐怖的事，一点儿也不简单，妈妈没有站在他的角度去思考，会让他沮丧，而搬出来"几个月大的孩子"当作榜样，非但没有激励作用，还可能会让孩子怀疑自己。

挫折教育，别太刻意为之

　　总之，如果家长想对孩子进行挫折教育，那么就先帮他培养正确的面对错误、失败、困难时的心态，同时在挫折面前，家长得注意避免用那些空洞的激励，夺走孩子尝试的勇气。另外，最关键的一点就是，各位还是需要意识到，孩子真的不太可能越挫越勇，家长千万不要刻意制造挫折。当然，有的父母也和我说，其实自己也不是故意想让孩子受罪，有时候也是得狠狠心，才能让他面对挫折，但这些不都是为了想让孩子学坚强，将来更独立吗？

看来在培养孩子独立性这件事上，大家的误区真的不少，这种"加压"式的教育是一个极端，还有另外一种宠溺式的极致，就是什么都让孩子自己做主。这样做的家长也不是为了刻意惯孩子，只是心里有着另外一种纠结。

干货总结

想培养孩子的抗挫折能力，重点不是让孩子独自面对困难，而是父母理解孩子所处的困境，陪他一起去面对挫折，调整低落的情绪，鼓起面对问题的勇气，分析问题的症结，制订解决问题的方案，勇敢地面对所有。

09 要求孩子"听话"，会抹杀独立性吗？

一味"听话"的人似乎很容易丧失主见，在当下这个普遍追求个性的时代里，"听话"着实有悖社会趋势。然而，在原则性问题上，不听话又可能铸成大错，这样想，"听话"又似乎是件必要的事。那么，究竟该不该让孩子听话，成了不少父母心中纠结的问题。

不想听话了，我恨自己的没主见！

"太听话的孩子会变得逆来顺受！"这是一个妈妈跟我讲的，话匣子一打开，她的苦水可就收不住了。"我小时候就特别听话，用现在的话说就是'别人家的孩子'，我们周围的邻居都羡慕我爸妈，说他们怎么就养了个这么懂事的一个闺女。我妈也常因为这件事特别自豪，逢人就夸我听话。平时我说什么、做什么，连吃的东西、穿的衣服，都是他们做主，我一丁点儿发言权都没有。"

"但是我爸妈他们不知道，我太讨厌听话、懂事、乖这些标签了，现在我其实内心很叛逆，但做事的时候又畏手畏脚，家里大事小事都不是我拿主意。我今年35岁了，可是连买件衣服都得犹豫半天，我就觉得我身体里缺了个会做主的灵魂，不知道自己喜欢什么，不知道自己想要什么，也不知道自己的目标是什么，所有的事都是不情不愿地被推着往前走，我只能适应。我也想做自己，可又不懂得怎么做自己，这感觉可太憋屈了！现在我有女儿了，我可不想让她也走我的老路，我也不强迫她听话。"

听话，其实和保持个性不对立

这位妈妈的吐槽估计能引起不少人的共鸣，不过理解之余，有件事我们要认清楚，就是她所遇到的困扰，问题根源其实并不在小时候的"听话"上，而是在于她的父母当时没有给她足够的独立思考的机会和空间。其实，父母要认识到"听话"和"个性"并不是对立的，而是相辅相成的，所以不能简单地以"听话"或"不听话"来界定孩子是否独立，是否有个性。

毕竟，"听话"属于倾听的部分，它任何时候都可以和独立思考相结合。比如，生活经验、安全常识这些，确实是需要家长传授，也需要孩子能"听话",遵循成人建议的。但是反过来说,当孩子听了家长的经验之后,是不是自己就可以不思考、不判断呢?显然不行,遵从家长要求的这个大前提下,我们还要要求孩子能举一反三、活学活用,任何时候"不带脑子"的言听计从都是不合适的。整理明白这个思路之后再回头看我们的问题,"要求孩子'听话'会抹杀独立性吗",答案就不言自明了,如果能鼓励孩子把倾听和独立思考相结合,"听话"但不机械地听,而是加入自己的思考和判断,那么自然就不会抹杀独立性。

带着这个前提再看一些家长单纯地鼓励孩子"不听话"的做法,有些就蹦到另一个极端去了。我们得知道,礼貌地听取别人的建议,传递的是一种尊重,也是一种社交礼仪。完整无误地接收到对方想传递的信息,抓住其中的内容重点,同时如果自己心里有不同的意见,也能迅速梳理,等对方讲完后,再有礼貌、有策略、有条理地表达自己的想法,这才是一个合格的倾听和交流过程。我们现在都喜欢说"情商"这个词,我个人觉得,会沟通就是培养高情商的基础保障。

这些事,才是培养独立性的核心

所以我也告诉那位和我吐苦水的妈妈,"不听话"并不能和独立有主见画等号,比如在安全问题上,不听话很可能会耽误事,甚至危及生命。听话不是阻碍成长的桎梏,只不过要和独立思考相结合,才能帮助孩子成长为一个有社会规范和独立思想的人。而让孩子有独立思想的关键,就是尊重他的想法和选择。其实越小的孩子,因为对世界认知不足，越容易受到周围人的影响，再加上他们的生活自理能力也并不是很强，处处都要依赖父母，就很容易让成年人产生"小孩子什么都不会、什么都不懂"的错觉，但事实上孩子从出生起，就是一个独立的个体，再小也有自己的需求、爱好、个性，而我们如果想让孩子听"话"，那就还得延续自然养育的心态，在尊重和了解他的想法的基础上，以建议的角度来和孩子说"话"。

我之所以特别强调这个心态的问题，是因为它直接关系到家长培养孩子独立性时的具体做法。有些家长意识到了独立的重要性，但是却只从字面意思去理解这件事，于是简单地理解为独立就完全等于生活上的自力更生，比如书包自己背、衣服自己洗、碗筷自己刷……这些关注的重点其实又跑偏了。首先，孩子是弱势群体，他们的安全和利益需要监护人的保护，父母因为想培养孩子独立性，就忽略了自己的这部分义务肯定不行。其次，帮助孩子掌握这些生活技能确实有必要，但它绝对不是培养孩子独立性的全部。家长允许孩子表达自己的思想、尊重他的看法，鼓励孩子和父母沟通交流，让孩子在人格、思想上独立，才是培养独立性的精髓所在。

所以，如果我们只把关注点放在了表面现象上，看见孩子能自己买菜、自己做饭、自己背书包，就觉得他已经具有独立性了，但是并没有从心底把他当成一个独立的个体来看，不允许他有自己的思想，更不给孩子机会表达自己，那么孩子即便生活技能一流，也很难有自己的见解。就像那位一肚子苦水的妈妈，她做家务确实是一把好手，厨艺也十分精湛，但是就是"找不到自己"，最终只能不情愿地人云亦云、亦步亦趋。

让孩子听话，平等交流是前提

所以说，听话和独立之间，其实仿佛是在寻求思想上的一种平衡，孩子在独自面对社会之前，除了一些必备技能的学习，更需要的是有空间和机会去培养独立思考的习惯和能力。孩子在不断认识世界的过程中，离不开家长的引导和帮助，这个过程中有时候必须要"听话"，而这个"话"的前提是家长用尊重的态度说给孩子听，而不是命令和压制。否则，有一天你难免会收到一个"意外惊吓"。

干货总结

"听话"与"保持个性"并不矛盾，而是相辅相成的。让孩子学会倾听、抓住重点，并且善于独立自考，对将听来的内容举一反三、活学活用，才是"听话"的真谛。让孩子有独立思想的关键，是尊重他的想法和选择，而非一味地鼓励"不听话"。

IO 天啊，我的孩子说谎了！

孩子说谎是让很多父母感到头痛不已的问题，毕竟在成年人的世界里，这个行为与道德品质有关。不过，面对一个又一个稚嫩的谎言，家长是要当场戳穿，还是先选择视而不见？还有，家里的人并没有当着孩子撒过谎，这个"恶习"的根源又是从何而来的呢？

小孩子的"谎言"，大多带着引号

诚实是人最可贵的品德之一，所以当很多家长发现孩子"说谎"时，反应会特别大，觉得这是牵扯道德品质的问题，太严重了。但其实，在我看来，孩子世界里的"谎言"都是要打上引号的，至少他们掩盖真实的动机，本身都不带任何恶意。

比如对于不满3岁的宝宝来说，他们几乎区分不出来"想象"和"现实"，很容易就会把这二者混在一起，又因为想象力非常活跃，所以说出来的很多话，如果按照成年人的逻辑来判断，就会觉得孩子"满嘴跑火车"，但事实上他是无意识的。

等到了3岁多时，大部分孩子确实会开始有意识地说谎了，但是这时候的谎言，其实是为了满足自己的一些小心思，而且因为这个阶段的孩子还是以自我为中心，不太能换位思考、察觉他人的想法，所以说出来的谎都特别"赤裸裸"，漏洞百出。比如之前有个妈妈跟我讲，儿子有一天趁她做晚饭的时候偷偷吃了个巧克力面包，而且还挺有小心思地把包装纸扔在了垃圾桶里。后来妈妈问他："谁把面包吃了？"孩子不假思索地答："姥姥。"妈妈假装自言自语："我还想看看这面包是什么馅儿的呢。"孩子一脸满足："巧克力的，可好吃了。"

我之前也看过一些关于儿童心理的研究，说是三四岁这么大的孩子，已经能够开始意识到自己的某些行为是不对的，也就是说，他们开始有了是非意识，知道自己能做什么不能做什么，所以在他们一不小心，没控制住自己"越线"时，就会出于自我保护开始想办法掩盖，只不过因为他还不能推理出别人的心理状态，所以说谎时常会"露馅儿"。

孩子在不同阶段的"谎言"

3岁之前：几乎区分不出来"想象"和"现实"，不是故意"说谎"。

3~5岁：在做错事时会出于自我保护想办法掩盖，但会"露馅儿"。

7岁之后："说谎"的技能升级，会为了逃避责任或顺利过关而被迫"说谎"。

有策略的谎言，可能是逼出来的

等到了五六岁，大部分孩子就会比较有策略地说谎了，并且他们能开始尝试控制自己的语气、面部表情还有身体动作，让自己说谎时的表现看起来更自然。所以如果从心理发展这个角度来讲，孩子能开始成功地说谎，反而说明他的自控力变强了，负责自我调节、控制情绪的执行功能也发展到了一定的水平，某种意义来讲，其实是件好事。

孩子上小学之后，随着认知水平的提高，说谎的技能再次升级，而这时候说谎，更多地就是源于父母和老师的压力了。比如家长问孩子："快要睡觉了，作业写完了吗？"这时候如果得到的答案是"写完了"，世界自然一片祥和，但如果孩子说没写完，恐怕迎来的就是一连串诸如"都写了3个小时了怎么还没写完""写个作业磨磨蹭蹭，成绩怎么能上去""没写完接着写，什么时候写完才能睡""不好好写作业，这周末别出去玩了"的狂风暴雨般的训斥。所以，家长的反应其实某种程度上是在诱导孩子去说谎，毕竟谁也不想天天挨骂，给自己找不舒服。

你可能会想，这孩子是不是傻？骗过了家长这一关，第二天交作业时可怎么办呢？如果老师给的压力也很大，那么大概率孩子还是得继续骗。说到这，我想起曾经看过的一个笑话，说9月1日开学的时候，一个同学迟到了，衣着不整、气喘吁吁地跟老师说："我被打劫了。"老师问："什么被劫了？"答曰："暑假作业。"这虽然是个段子，但其实也说明了如果成年人给孩子压力太大，那么孩子想要顺利过关，"说谎"就是唯一的办法，这相当于逼着孩子去骗。

一个写不完作业的优等生

还有个故事,是朋友家的真事,他家女儿上五年级,每天作业都得写到将近 10 点。朋友原本好奇孩子课业负担为什么这么重,结果一次家长会上,他发现同班的孩子都是 8 点左右就能写完作业了。朋友就觉得很困惑,心想女儿学习成绩也是全班前十,不至于因为做不出题目耽误这么久呀,每天这多出来的两小时都花到哪儿了呢?后来他和女儿聊了聊,循循善诱之下小姑娘终于跟爸爸说了实话,原来起初孩子也是能 7 点多就写完作业,只不过任务完成之后,妈妈还会塞过来数学题或者字帖给她"加餐"。用女儿的话说:"反正提前写完作业也不能玩儿,那我还不如写慢点儿。"于是,小姑娘就想出了这么一个奇招,每天写作业时都留个尾巴,爸妈一问就说"还没写完",然后发呆到 9 点 40,迅速把作业收尾,这样睡前还剩十几分钟,可以用来看会儿漫画,玩儿会游戏。听完了这个故事,我真是觉得有些心酸,朋友也反省:"原来孩子说谎是被我们逼的。"

面对谎言,家长能做些什么?

孩子很多说谎的行为或者是动机虽然可以理解,但是该做的引导工作家长也不能省略,那么在谎言面前父母能做些什么呢?首先对于初级阶段的谎言,比如孩子骗家长想多吃一颗糖,或者谎称已经刷过牙,又或者说是玩具熊打翻的牛奶之类的谎言,家长最好的办法就是淡然处之,这时候其实工作重点并不是揭穿孩子的谎言,反而是从根上去预防。之前我看过一个研究,说家庭里父母和孩子的谈话量越多,孩子的情绪调节能力就越强，对家长的信任度也会越高，这种情况下孩子说谎的可能性相对会降低。不过大家记住，这个"谈话"是指尊重前提下的平等交流，而不是家长发号施令、指责或者训斥。

等到孩子大一些，谎言的复杂程度慢慢升级，家长就不能再视而不见了，而是需要根据实际情况和孩子谈一谈，弄清楚他说谎的原因，再根据实际情况着手解决。但是这个过程中家长要记住的大原则就是，和孩子沟通的目的不是指责，而是本着"我理解你说谎一定是有原因的，我们一起来发现问题，然后解决"的前提去和孩子交流。

就像我前面提到的那个朋友，他和女儿谈话时的出发点就是：你每天写作业需要多花两小时，但爸爸知道以你的能力不需要这么久，所以我想你一定是有什么原因，现在爸爸想和你一起找到症结，解决它。在这样被信任、被尊重的氛围里，女儿很快就和爸爸说了实话，而且后来全家人也达成了一致：无论孩子什么时间写完作业，都不能再有"加餐"，这样一来，女儿每天都有将近两小时的自由活动时间，她反而不怎么玩游戏了，最常做的事情变成了看书、画画、做手工，完全没有荒废。

尊重与沟通，预防孩子说谎

举这些例子是想告诉大家，引导孩子做个诚实的人很重要，但是你也要明白，人都会有自我保护的需求，如果外部环境压力太大，孩子就可能会把说谎当成是一种自我防御手段，所以对于"说谎"这件事，家长最需要关注的还是预防，方法就是前面反复提到的：给孩子一个被尊重、被信任、被理解的环境，让孩子可以毫不掩饰地表达自己，并且从父母那里得到积极的反馈。这样，他会从心底觉得，和父母之间根本没有必要说谎，因为你们是站在同一边的。

> **干货总结**
>
> 孩子在 3 岁前，说谎大多是无意识的，3 岁后，会开始有目的地说谎。之后，随着孩子不断长大，谎言更多的用来进行自我保护。家长要做的是了解孩子的心理发育规律，用平等和尊重的心态和他交流，从根源上解决说谎的问题。

Ⅱ 孩子不想写作业？那就不写吧！

孩子的成长过程中，总会出现这样或者那样的叛逆行为，不想上幼儿园、不想去辅导班、不想写家庭作业……面对这些抗拒，家长要做的是大力压制，还是一味纵容？但好像无论怎么做，结果都不太尽如人意，有没有什么折中的办法呢？

这小孩！不写作业还理直气壮

这句话背后的故事有些长。儿子二年级上学期刚开学，夫人就被老师"传唤"了，原因是"没写作业"。而且这个孩子也是很实诚，早晨收作业时，他不编不骗，就直言相告："我没写。"老师问为什么，答曰："我都会了。"班主任大概被这个耿直的小孩儿气着了，当即决定请家长！

晚上我听完夫人的转述，跟儿子谈判了一番，我的论点是，作业能帮助人复习白天课上学的知识，让你加深印象，掌握得更牢固。儿子反击说，那些知识我都会了，再写作业就是重复劳动，浪费时间。我仔细琢磨了一下他的话，也有些道理。眼看着我仿佛要妥协，一向习惯替别人考虑的夫人发言了："儿子你说你都会了，所以不想写作业，爸爸妈妈相信，也理解。但写作业本来是学生的职责，算是一条班级规矩，现在你打破了这个规矩，那如果班上所有同学都学你，都说自己会了，不写作业，那老师还怎么管这个班呢？"

这确实也是个需要考虑的问题，人既然生活在社会大环境里，就要照顾这个环境中的规则，不能影响到别人，只有在满足了这个前提下才可以做自己。于是我们就顺着这个思路讨论，最后研究出一个方案：以每次考试为节点，如果他能得全班第一，那就可以继续不写作业，但是如果名次掉下来了，就说明还是得用作业来巩固一下知识，就要开始按照要求完成作业，直到下次考试，根据情况再评估。这样最起码有个明确的规则，不能只靠一句"我会了"就搞特殊，老师也好管理。

儿子想了想答应了，第二天夫人带着他郑重地和老师说了这个计划，班主任也很开明，同意了，于是他们班上就开始有了个堂而皇之不写作业的小孩。从二年级开始一直到五年级下学期，这个规则一直延续着，儿子和老师之间也有了默契——只要考试成绩不是第一，回家就开始自觉写作业，一旦重新拿回"豁免权"，第二天就不交作业了。而这个"不写作业计划"也是儿子亲手画上的句号，原因就是他发现功课变难了，自己觉得有必要每天靠作业巩固一下知识点了。

适当放手，给孩子爱和自由

这件事其实给了我很深的触动：原来父母在信任之下给出的自由，能换回孩子更强大的自律。后来，我在一本书里看到过一句话，"爱孩子，就给他真正的爱和自由"，再结合这个"作业事件"来想，我更有共鸣。其实这个"爱"的核心，不仅是喜欢和关爱，更强调宽容和理解，接纳孩子的想法，不把自己的想法强加在孩子身上，而是给他空间，让他去做自己。

当然了，理解孩子、给他空间，这些事情说起来简单，但要真正做到，其实需要家长用足够强大的内心来"管住自己"。比如，之前有个15个月的小姑娘来体检，妈妈说孩子最近吃饭时总抢勺子，大人喂的饭也不好好吃。我有些困惑：孩子这是想自己吃饭，是好事呀。妈妈却一脸痛苦："她自己吃，就像打仗一样，吃完之后一地狼藉，吃饭十分钟，收拾半小时！"家长打扫"战场"确实不容易，但是反过来想，孩子想"独立吃饭"的愿望也就这么被压制了，说得再严重些，这其实等于从某种程度上剥夺了孩子发展的权利，这岂不是完全违背了我们爱孩子的本意？

后来我建议那位妈妈找个折中的办法：孩子、大人各拿一把勺，粥、汤这类容易洒的食物家长喂，蔬菜块、小肉饼这些容易清理的食物孩子自己吃，这样家长清扫负担小一些，孩子也能有自己发挥的空间，两全其美。到了小姑娘一岁半体检时，妈妈和我说女儿已经能熟练地使用勺子了，甚至自己喝稠粥都不在话下。

所以，给孩子机会、空间，不用太多的规则和束缚来捆绑他，不把自己的意愿强加给孩子，让他主导自己的生活，他反而能给你更多惊喜，即便是只有一两岁的小不点儿，也依然可以用自己的方式让家长看见成长的力量。反过来，如果父母和孩子之间的关系是管束和被限制，小时候管生活、上学了管成绩，甚至成年了还要管恋爱、管工作、管结婚生子，那么这种让人喘不过气来的爱，可能会让孩子一辈子都当不了自己的主人。就像前面提到的那位和我吐苦水，说自己因为过于"听话"，导致成年后买件衣服都拿不定主意的妈妈，她"做自己主人"的能力其实就是被家长的"管"束缚住了。

自由太过，会变成野蛮生长吗？

也有家长问，说怎么控制好这个"自由"的度呢？要是孩子一不小心变成"野蛮生长"了怎么办？从我自身的经验来讲，个人感觉第一要紧的事，是家长的心理得先成熟起来。不可否认，孩子在成长的过程中，有无数个会让人抓狂的瞬间，从小时候的喜欢把任何东西塞进嘴里、重复不停地扔东西，到长大后的叛逆、学业问题，而面对这一切时，家长要想做到理智和包容，就得要求自己有成熟的心态。在这个大前提下，才能有心力去尝试理解孩子，表达出对他的爱。反过来，如果父母自己的心态还像个小孩儿，那么在处理和孩子有关的事情时，就会不自觉地从自身角度出发，更看重事情给自己带来的感受，而没办法做到成年人的宽容、接纳和理解。

第二个控制自由尺度的要素就是有明确的规则。规则能帮我们慢慢摆脱权威和管制的束缚，也能避免在享受自由的同时伤害他人。比如我和儿子之间定了一旦考试没有得到全班第一，那么就要开始写作业的规则，而且双方达成一致，对于这个判定的方式都没有异议。并且老师也认为不会对班上其他同学造成影响，妨碍班级管理，那么这就是一个可以被执行的规则，而且必须遵守，这样就杜绝了权威，家长、老师、孩子之间维持了一个相对平等的关系，儿子也自然而然地更会为自己主动选择的结果负责。

理解与宽容，能培养出诚实

再说回到说谎这个话题，也有些家长问过我："孩子觉得我和他是一头的，不跟我说谎是好事，但会不会他只是在家不撒谎，出去却是谎话连篇啊？"对于这个担心，我只能说，世界上所有的事都不存在百分之百，但是就我个人还有周围人的经历来看，我们得到的答案都是"不会的"。

因为随着孩子慢慢长大，他在家长的理解与宽容下做到的诚实会逐渐成为一种习惯，渗透进世界观里。所以我想说，无论什么时候，不管孩子多大，家长的尊重、顺应和发掘都能帮他做得更好。我想给大家再讲个我和儿子之间的故事。

干货总结

想让孩子自律，前提就是要给他自由。家长调整自己的心态和看问题的角度，从孩子的视角出发，给他理解、信任和空间，同时也帮助孩子明确规则，控制自由的尺度，让他能够在自由驰骋的同时，顺利融入社会，学会为结果负责。

I2 别借人家的，爸爸送你个游戏机

　　自然养育就是要满足孩子的所有需求吗？如果这样会不会让孩子被宠坏，而不满足他是不是又违背了"自然"，限制了孩子的发展？说起这些问题，我从当年给儿子买游戏机那件事上，总结出了一些可以和大家分享的感悟。

2000 多元带来的意外收获

　　我和夫人开玩笑："要是让儿子的历任老师列个黑名单，里面肯定有我。你想呀，先是小学时，支持儿子不写作业，后来到了初中，我又给儿子买了个让老师深恶痛绝的游戏机。"买游戏机的前因后果又是怎么回事呢？事情是这样的，有一天儿子放学回家，神神秘秘地从书包里掏出个 PSP。在他们班，这可是属于需要进行"地下交易"的那一类物品，不过儿子和我之间没有秘密，所以他还挺开心地跟我显摆，说和同学借到了一个游戏机，不过明天就得还人家。

　　那一晚，儿子马不停蹄地写完作业，然后就开始摆弄那个游戏机。看得出来他是真的特别喜欢，临睡觉之前，还拿着那个机器翻来覆去看了又看，才塞进书包里。我能懂那种感觉：明天一早，他就得跟这游戏机说拜拜了，心里舍不得。当时我心里一动，要不我给他买一个吧。那时候，一个 PSP 游戏机好像要 2000 多块钱，是笔不小的开销。但是我又转念一想，难得看到儿子对一件东西这么爱不释手，每天学习这么累，有个喜欢的东西用来调剂心情，这 2000 多也值了。

　　主意已定，我就马上展开行动，到现在我也忘不了儿子拿到游戏机时的表情：惊喜、感动，好像还有一丝欣慰。这些情绪掺杂在一起，让他只剩下力气反复问我："爸，这是给我的？真是给我的？我没说要啊……"听着儿子的话，我也大概能读出那丝欣慰背后的含义了：爸爸读懂了我的喜好，而且没有把玩游戏和不务正业画等号，给这个兴趣泼冷水，反而把游戏机当成礼物送给了我，这礼物让我感受到了爸爸的关心、尊重和信任。

　　拿到游戏机后的第一个星期，儿子每天都是赶着写完作业，然后玩上半个小时再睡觉，等到第二个星期，我就发现他兴趣好像没那么大了，玩的频率也开始下降。一个月之后，我发现PSP被收进了抽屉里。我问他："你这两天怎么不玩游戏了？"没想到他说："等放假再说吧。"听见这句话的瞬间，我觉得那2000多块钱真的花值了。

真正的散养，核心是尊从与顺应

　　讲完这个故事，还想再和大家多说几句自然养育尺度和心态的问题，其实无论是几个月大的小宝宝，还是十几岁的少年，真正对孩子有益的"散养"，是一种尊从孩子、顺应孩子的自身发展的教育方式。不强迫孩子做不喜欢的事，同时也按照社会行为规范，引导孩子形成基本的规矩和界限。

　　自然养育听起来是让孩子自由成长，但其实对家长的要求更高，父母不仅要管理好自己的心态、情绪，还得对孩子投入大量的时间、精力，给他更高质量的陪伴，同时还需要不断地学习和充电，根据孩子不同的成长阶段，了解相应的科学养育知识。可以说，如果想做到自然养育，父母就得花更多心思，不断和孩子一起成长。

在这部分的最后,我想再给各位家长一些建议,这些总结下来的"经验",有些来自我个人的养育心得,更多的是这三十年来,既作为旁观者,又作为参与者,看了千千万万个家长和孩子相处的实际案例之后,得来的感触。

做孩子的伯乐,发掘他的潜能

家长要做的第一件事,就是要把自己当成孩子的伯乐,努力去发掘孩子的偏好和潜能,努力和孩子一起发现自己喜欢的、擅长的、合适的领域,培养他们在这方面学习和研究的兴趣,让孩子的潜能和优势能有可以充分发挥的自由空间。其实这个过程对于家长的考验巨大,毕竟为了培养孩子的兴趣,付出了时间和金钱,于是父母的内心深处多少会希望能"收获"些什么,有的家长甚至希望孩子以后能从事和爱好有关的事业,取得某些成就。但我也提醒大家,虽然放下这类执念不容易,但也请努力,一定做到"别计较"。帮助孩子发掘优势的最核心目的,是让他享受被发掘的快乐,也就是享受这个过程,并且能在学习的过程中,养成专注和探索的精神、建立成就感和自信心,这些事情说来确实比一纸证书"虚"很多,但对孩子来说却更宝贵。

还有一点想提醒大家的是,家长这个伯乐除了帮助孩子发挥长处,还得帮孩子补齐短处。不过仍然要注意尺度和心态,在引导和培养时,让孩子的弱势能达到社会平均水平就可以,千万不要逼着孩子必须做到和"长处"一样优秀,更不能拿"别人家的孩子"来比较,否则只会伤害孩子的自信心,让他变得愈发敏感和自卑。

兼任纪律委员，教孩子社会规范

除了身兼"伯乐"的重任，家长还得担当纪律委员。有件事我也在反复说，自然养育、尊重个性并不等于要养出自私自利的人，"做自己"和"守规矩"其实并不冲突。人常说无规矩不成方圆，作为社会性动物，每个人都注定要生活在自然规则和社会规范里。家长更不能因为自己在成长过程中，曾经体会过约束和限制带来的不快乐，不想让这种悲剧在孩子身上重演，于是就毫无原则地放纵孩子的行为。

在尊重孩子、保护他自由的前提下，又要帮他培养自律性，这个看似矛盾的任务对于"纪律委员"的情商和业务能力都是考验。不伤害自己、不伤害他人、不破坏财物、保持良好的生活习惯……这些就是孩子要守的规矩，其中有些可能会违背孩子本能的意愿，引起他的反抗，但是正是在一次次反抗和家长的一次次坚持中，孩子才能从"被动约束"逐渐转化成"自我约束"，慢慢学会自律。而拥有了自律这个基础，家长再去循序渐进地培养孩子的自主性、意志力。

言传身教，父母发挥榜样力量

最后，父母就要做好榜样了。在对孩子进行引导，帮助他建立自律性的同时，父母的言传身教也很重要。孩子在认识世界的最初阶段，模仿是最自然的行为，而父母的一言一行就是孩子首先可以模仿的对象。任何来自课本的知识，都可能随着时间的流逝而被淡忘，但是父母对孩子的影响，却像被写进 DNA 里一样，会影响一生。

所以无论家长的目的是引导还是约束，最有效的办法都不是说教，更不是疾言厉色，而是靠自己的一言一行，润物细无声。简单来说，你希望孩子能成为什么样的人，那么你首先就要先成为这样的人。如果想让孩子宽容大度，那么家长首先要宽以待人；如果想让孩子有韧劲与恒心，那么父母得先能做到坚持不懈；如果希望孩子喜欢阅读，那么家人就得先放下手机、关掉电视、拿起书本……这种言传身教，需要的是家长的自然而然，而非在孩子面前表演，这样那些优秀的品质和习惯才会自然而然地成为孩子特质中的一部分。

自律下的自由，才更自由

最后我想说，教育观念一直在进步，越来越多的父母都开始有意识地关注孩子的意愿，想让他有个自由快乐的童年，这是意识上的进步，是实实在在的好事。但同时我们也要辩证地认识到，这个世界上，确实并没有绝对的自由，在遵守规范的前提下释放的个性，在具备良好品质的基础上放飞的自我，在极度自律的生活里收获的自由，这些对孩子来讲，才是真正的幸福，而这一切也正是自然养育所追求的终极目的。

干货总结

自然养育要求的是家长能和孩子一起成长，做他的伯乐。一方面，家长要发掘孩子的爱好和潜能，帮助他扬长补短；另一方面，家长还要当好孩子的"纪律委员"，让他能在"做自己"的同时，也"守规矩"，慢慢地学会自我约束，建立自主性和意志力，更好地融入社会。

第四部分

Part4

写给
新手父母

　　和大家聊了很多和"如何养""如何育"有关的话题，本应该到了给这本书收尾的时候，不过在结束之前，我还想再嘱咐新手父母一些话。一个新生命的到来，改变的不仅是家庭结构，还有全家人的生活模式，甚至是每个家庭成员的人生轨迹。角色转变之初，各位新手爸妈以怎样的心态看待这样的变化，带着哪种角色特点融入生活，又该如何与有了新角色属性的家人相处，都会左右着家庭未来发展的走向。

　　虽然我们说父母要想做到科学育儿，就需要储备养育知识、掌握护理技巧、熟悉教育方法，但是其实父母对自身角色的定位还有对家庭关系的处理，与那些知识、技巧、方法同样重要。只有在这些因素的共同作用下，父母们才能形成稳定平和的心境，以真正健康的心态，去实现自然养育，管理好孩子的健康，给他一个美好的未来。

OI 父母是孩子的第一监护人

如今的父母，大多有各自的职业，即便有了孩子，仍然需要回归职场去打拼。这种情况下，养育孩子的任务，就需要动用整个家庭的力量，甚至还要加入保姆这样的"外援"来完成。那么，在一些关乎孩子成长发育的关键问题上，谁又握着最终的决策权呢？

帮你看孩子，还是替你看孩子？

为什么会先说这个话题呢？因为找帮手来带孩子确实已经成为一种社会趋势，不管是请家里的老人、亲戚来帮忙，还是聘请月嫂、保姆，越来越多的父母习惯给自己找个"外援"。一方面确实工作繁忙，必须有人帮一把，另一方面，即便是家中有一位全职妈妈或爸爸，为了保证育儿品质，也仍然希望能有个人来给自己"搭把手"。

这种做法本身没有问题，但是为什么要强调"第一监护人"这件事呢？因为家长无论请谁来帮忙，始终都要弄清楚大家在育儿生活中的角色定位，任何人都是"帮"自己，而非"替"自己，两种说法虽然只有一字之别，含义却相差甚远。"帮"是说共同参与育儿的人无论是家里的长辈亲戚还是月嫂保姆，他们的角色都是辅助的性质。而真正要对孩子的饮食起居、日常护理、早期教育花费心力的，还是父母，其他人只是帮忙执行具体方案。但"替"就意味着完全的取代，父母做"甩手掌柜"，关于孩子的一应大小事情都交由老人或保姆去做主。

比如之前有对母女带着孩子来体检，我问妈妈："孩子出生后是吃配方奶还是母乳？"姥姥抢答："母乳，一直是母乳。"再问每天大概吃几次奶，姥姥继续搭话："一天差不多7到8次，我都有记录。"看妈妈一直轮不上发言，我就和她确认是不是这个频率，没想到妈妈有点儿不好意思地说："应该是吧，反正他饿了我妈就抱过来，让我喂我就喂。"再说到孩子的睡眠情况，同样是姥姥代答，因为晚上是祖孙二人同房睡。这就属于典型的姥姥替妈妈带娃的案例，其实能感觉出来，妈妈也想拥有些话语权，只不过稍微有想法的时候就会被姥姥压制下去，于是就不敢反抗了。其实，这种相处模式并不奇怪，更怪不得姥姥"专制"，父母既然日常撒手不管，却又在有想法的时候横加干涉，那岂不是引发家庭大战的节奏？

另外一个给我印象很深的案例是，我给一个6个月的孩子家长做辅食添加指导，刚要开始讲解，妈妈突然不好意思地打断我，说："对不起，崔大夫您稍等！"然后打开诊室门，把在外面等候的保姆叫了进来，一切准备停当，妈妈才告诉我："崔大夫，您说吧，阿姨听明白了就行，平时都是她弄。"我能理解妈妈平时工作忙，需要有帮手来分担育儿的任务，但是如果对所有细节都不闻不问，那么结果就是一方面父母不了解孩子的具体情况，很容易因为不全面的信息而焦虑，另一方面也容易产家庭矛盾，只要孩子没按照教科书长，父母就会埋怨老人或者保姆带得不好。

父母过分缺位，会有哪些后果？

父母过分缺位对孩子最重要的影响就是不利于孩子的身心发展，各位还记得前文那个被父母怀疑有自闭症的小姑娘吗？妈妈其实在起初陈述问题时，就有那么一点儿对姥姥的抱怨，只不过体谅姥姥带孩子辛苦，没有太好意思明说出来，否则这个"战斗"可能就要打响了。如果大家觉得这可能是个例，那我再举个例子。有个 6 个月 22 天的孩子，家长和保姆带她来进行常规体检。一系列检查下来，发现孩子的饮食、睡眠、发育等方面都很好，而且这个不满 7 个月的小丫头竟然能够自由翻身，也可以做出爬的动作，大运动发育绝对可以用优秀来形容了。

不过有件奇怪的事情，就是我给宝宝查体的时候，她有些认生，在诊室里放声大哭，妈妈赶紧抱过来轻拍安抚，结果孩子的情绪一点儿都没有好转，反而哭得更厉害了。然后保姆出手了，刚把孩子搂进怀里，这个宝宝竟然自动安静了。按照常理来说，6 个月的孩子认生很正常，不过在缺乏安全感的时候都会找妈妈"求安慰"，结果这个孩子却不找妈妈而要找保姆，这是什么道理？

原来，妈妈虽然全职在家，但是日常照顾孩子的工作却都是由保姆当主力，孩子每天晚上都和保姆同房睡，日常起居一应也都是保姆照顾，对于孩子来说，保姆就好像妈妈一样的存在，成了自己的情感寄托。所以每当年节保姆放假时，妈妈自己带孩子都觉得力不从心，孩子也特别难适应，爱哭闹，还会频繁地夜醒。但是，我们必须意识到一件事情，那就是即便再优秀的保姆，也不是家人，更不是孩子的第一监护人，总归会有离开的那一天，那么现在如果孩子的情感依赖从父母转移到了保姆身上，那当有一天保姆辞职后，孩子的安全感要由谁来守护呢？

还有个类似的案例，宝宝 3 岁入园了，妈妈觉得可以让一直帮自己的婆婆歇歇了，于是就让婆婆回了老家。可是问题接踵而至，奶奶离开的头几天里，孩子每天哭闹、不吃不喝，更不肯去幼儿园。妈妈一下就慌了手脚，因为她既不清楚孩子的生活规律，又不知道他的口味喜好，什么时候该睡觉，什么时候该吃饭，喜欢做什么游戏，钟爱哪本绘本，妈妈完全没有概念。孩子一时之间离开了那个最懂他的人，加上心理上没了依靠，就出现了情绪崩溃、厌食的情况，最后不得已，妈妈又把婆婆接了回来。

亲子关系是孩子和父母的关系

讲了这些故事，就是想告诉大家，父母能在育儿生活中多个得力的帮手固然好，但是如果帮手替代了父母的角色，对孩子来讲未必是件好事。就像前文所说，帮助并不等于代替，父母在养育中的参与程度，直接影响着亲子依恋关系的建立。而这几个案例中的情况，不仅破坏着亲子关系，对孩子未来的心理发展也会产生负面影响。

所以，在养育中，父母要始终记得，自己是孩子的第一监护人，要占绝对主导地位，父母的角色不是任何人能替代的。当然，这个主导地位并不是靠喊口号，或者对帮手的指手画脚来实现的，而是需要父母真的花费精力、付出时间，及时积极地回应孩子的需求，用有效的陪伴换回来。也只有这样，才能让孩子在成长过程中感受到父母的爱，让这种爱成为他成长过程中源源不断的内在动力，身心健康地长大。

干货总结

即便家庭中是多个人共同照顾孩子，父母作为第一监护人的地位也始终都不可替代，承担下这个角色应有的责任和义务，花费时间与心思，了解孩子的生长发育规律、心理需求，给他提供足够且有效的陪伴，建立安全感。

02 从"丧偶式育儿"到"模范爸爸"

10个妈妈里至少有8个会抱怨自己家的"队友"不给力，仿佛模范爸爸只能出现在别人家的生活里。但是天下为什么会有这么多不靠谱的爸爸呢？男性难道真的不适合参与育儿生活吗？有没有什么办法能让爸爸们也变成带娃高手？

两个爸爸的故事

"丧偶式育儿"这个说法在近几年不知不觉火了起来，不少妈妈会用它来吐槽爸爸在育儿生活中的角色缺失，我看到还有种调侃：父爱确实如山，因为爸爸在家根本岿然不动。"怎么能成功改造队友"一时之间也成了大热议题。说实话，作为一个同时拥有医生、爸爸、爷爷、丈夫这样多重身份的人，看到这种现象，我的心情很复杂，既同情妈妈的难处，也理解爸爸的苦衷，当然更多的还是着急，毕竟这样的家庭状态对孩子的成长真的不利。

那么，怎么才能让"岿然不动的父亲"变成个"擅长带娃的爸爸"呢？因为各家情况不同，所以没有标准答案，但至少解决问题的思路应该是统一的。不过在讨论之前，先来看两家人的日常。第一个家庭，夫妻二人带着孩子来体检，我开始常规问诊，包括孩子的吃、睡、排便情况等，妈妈很细心，手机记事本里是各种关于孩子的记录，写得密密麻麻，对于我的每个问题都对答如流。爸爸在一旁偶尔想插话，却总会被妈妈怼回去："不是那样，你不知道""我这都记着呢，你别瞎说""你别打岔"……我看爸爸欲言又止的样子有点儿可怜，就故意问他些问题，不过每次都是爸爸还没开口就被妈妈"半路打劫"了，"崔大夫，还是我说吧，他平时不怎么带孩子。"

第二个家庭和前一家截然相反，爸爸自己带着孩子就来了，对于我的一系列问题，回答得也没那么完美，比如孩子一天喝多少奶、睡几个小时，他只能靠着记忆回答个大概，描述大便的频率和性状也有点儿含糊，最后这位爸爸也有点儿不好意思地挠头："下回我写本上。"不过平心而论，他的表现真的已经很不错了：检查过程中，他帮孩子穿脱衣服、换纸尿裤的动作熟练；孩子哭了，他一安抚也是马上就见效，可见两个人平时互动很多，孩子对爸爸已经形成了很强的依恋；需要给孩子冲奶粉的时候，我们的护士本来想帮忙，没想到他单手就搞定了一瓶奶。我开玩笑说："你这业务都挺熟练的嘛。"爸爸有些不好意思地笑了，他说孩子妈妈工作忙，而他自己创业，时间灵活些，所以孩子基本都是他带。而且孩子妈妈心也挺大，丈夫想怎么带就怎么带，她一点儿也不会干涉，更不会指手画脚。

父亲这座山为什么不爱动？

这两位爸爸在育儿中承担的角色完全不同，不知道大家有没有发现，出现这种差异的原因除了和爸爸本身的特点、能力有关系，妈妈在其中的影响也不小。如果妈妈事无巨细、不肯放手，爸爸自然就会弱一些，而如果妈妈能够"大撒把"，爸爸其实也能担起重任。我这么说，绝对不是要把症结归因到妈妈身上，为那些不带娃的男同胞开脱，只是想给大家提供一个培养"模范爸爸"的思路。

如果说起爸爸带孩子的好处，一只手可能都数不过来，比如利于孩子性格的培养，能增强性别意识，让孩子的心态更宽容开放，思维方式也更理性、更有逻辑，并且爸爸的粗线条能让孩子独立性更强，等等。不过妈妈说话了："这些好处我都懂，甚至还能说出更多，但我明白这些没有用啊，不是我不让他带，而是他不管啊，这可怎么办？"关于这点，其实我真得替大部分男同胞说句话，好多时候他们不是"不管"，是"不敢管"，或者说有些手足无措。

其实，仔细反思，大部分家庭的矛盾都是缺乏沟通或者说沟通方式欠妥当造成的，而且这种问题一旦出现，就容易进入一种恶性循环。比如爸爸起初因为没经验，或者没机会插手，被放在了育儿主力军之外，那么他自然不能理解妻子带孩子有多累。反过来，妻子也会觉得带孩子都成了自己一个人的事情，重压之下心里自然委屈、有怨气，这时候即便丈夫再想上手学着带，妻子恐怕也是怎么看怎么不顺眼。再加上丈夫确实也没有什么经验，不了解孩子的性格特点、生活习惯，而且男同志本身大多也是粗线条，"带娃实习期"的表现自然好不到哪里去，所以往往是一通努力之下，换回的反而是妻子的唠叨和指责。于是丈夫也郁闷了，可能会出现两种结果，一种是觉得既然自己说什么、做什么都不被认可，那我干脆还是溜之大吉，继续当甩手掌柜吧；要么就是用带有审判或者教导的方式来反击，专等着妈妈出错时，在一旁补刀："我说什么来的，你非不听吧！"

就这样几个回合下来，怨气在夫妻二人之间来回传递，像个雪球一样越滚越大，最后双方都委屈，也都生气，更不愿意再好好沟通，家庭矛盾自然就出现了。可是如果从根源处开始想，就会发现其实有很多机会可以跳出这个恶性的循环。而这其中的一个关键，就是丈夫要主动，妻子多放手。最重要的是，大家应该明白一件事，要想做到让孩子身心健康地成长，让家庭气氛和谐温暖，父母这两个角色缺一不可，所以爸爸的作用也必须真正发挥出来，而不能始终作为育儿的边缘人存在。

曾经，我也是个笨手笨脚的爸爸

比如当年，我决定一个人带儿子出去玩，扳扳他偏食的毛病。不过说实话，我起初对于自己能不能成功完成这个任务也很没底。虽然我每天在医院接触孩子，但那毕竟是诊室里的常规工作，然而带儿子出去玩可就不一样了，我不仅得负担起监护人的责任，还得做好爸爸的角色，让他玩得开心。前文提过，儿子出生之后，我先是去香港学习了一年，又去西藏医疗援藏一年，所以其实和他相处的时间并不多，孩子的习惯、爱好都是听夫人转述。我也担心我们父子之间的默契还没建立起来，单独带他出去，万一有突发状况我搞不定可怎么办？好在当时夫人信任我，嘱咐了两句就让我们出门了。

第一天，因为我拒绝了夫人给准备好的小书包，两手空空只拿了个水壶就出门，结果就是导致装备严重不足。不过我发现，只要肯动脑，办法总比问题多。比如儿子跑得满头大汗却没有毛巾擦，那就用衣服袖子来替代；裤子玩水时弄湿了没得替换，那就使劲儿拧拧，然后等着自然风干；玩沙子弄到满手脏乎乎没有手绢，那就拍拍浮土等回家再洗……

就这样一上午顺利度过，不过说实话，回到家之前我确实有些忐忑，因为夫人特别爱干净，我怕她看见这个泥猴儿似的儿子要崩溃。开门的瞬间，我故作镇静，夫人也确实愣了一下，不过很意外她并没在意，开开心心地把我们迎进屋，笑嘻嘻地问儿子跟爸爸出去好不好玩，都遇到了什么有意思的事儿。这下我可彻底放松了，心想带孩子原来没那么难嘛，再往后，我当然是越来越熟练。

丈夫多主动，妻子多包容

所以各位妈妈也可以试试，给丈夫一个机会和一点儿空间，起初可以先从给孩子换纸尿裤、帮孩子冲米粉、带着孩子上早教班这样的小事开始，让爸爸先有机会能参与进来，既适应角色，又积累经验，然后慢慢地再过渡到让他独自带孩子在家待一天，或者带孩子出去玩半天，这样循序渐进地增加任务难度。另外要注意的就是，妈妈千万保持耐心，即便丈夫做得没有那么到位，不如自己完美，也多给他夸奖和鼓励，少些批评和指责。照着这样的节奏下去，爸爸的积极性自然能慢慢被调动起来。

当然，我也给爸爸们提个醒，育儿原本就是父母共同的职责，作为丈夫、爸爸，该勇于承担的时候就别退缩。"我不会看孩子""我工作很忙""我压力太大"这些都不能成为借口，妻子也不是天生就会当妈妈，她也是靠不停地学习和坚持"实战"，才变成了合格的母亲，而且无论是不是全职妈妈，她所承担的工作量和要面对的压力都不比男性小。既然妻子在努力适应，那么丈夫也不能逃避，夫妻二人共同组成了一个家庭，无论什么事都需要两个人相互分担和理解，这样抱怨和指责才会变少。

○3 一切都是为了孩子

带娃需要老人帮忙，却又难免口舌之争，这可以说是不少父母心头最大的纠结之处。年轻父母和长辈之间的育儿分歧就那么不可调和吗？为什么很多事沟通了也并没有什么效果？双方坚持各执一词的时候又该怎么办？

双重身份，"旁观"隔代育儿

"隔代育儿"这个话题的热度绝对比"丧偶式育儿"要高出许多，在不少年轻父母的眼中，和老人之间的一些分歧甚至成了一种不可调和的矛盾。在平时的临床工作中，我接触的基本都是年轻父母，有机会跟他们做很深入的交流，听他们各式各样的烦恼，这些"吐槽"听多了，让我非常能理解"小辈人"在这场家庭纷争中的难处和郁闷；但从另一方面来讲，回到家我又拥有了爷爷的身份，以长辈视角去看待儿女还有孙辈时的心态，我自然也有切身体会。

这样有趣的双重身份，反而能让我跳出来站在一个相对中立的角度，看待"隔代育儿"这件事，也说明一下，家人之间如果养育观点不一致的时候，到底该听谁的。不过在说结论之前，我们还是分享案例，因为也许看完了一个又一个案例，各位的心里可能就已经自动浮现出了答案。

争执不下，来诊室抬杠的母女

先讲第一个故事，带孩子来看诊的是母女二人，孩子妈妈问得很直接："崔大夫，您说孩子刚1岁8个月，饭是不是还得单独做？我妈总觉得她现在能吃大人饭了。"姥姥也不甘示弱："那可不，你这么大的时候不就跟我们一起吃？小宝又乐意，为啥还非得单弄啊？"你看，母女二人就这么"杠上了"，这可怎么办？我先问妈妈，一定坚持要给孩子单做的原因是什么，妈妈说孩子还太小，饮食得清淡，怕大人的饭对孩子来说太过油腻。我再问姥姥为什么不同意女儿的观点，姥姥说孩子对大人的饭菜特别感兴趣，而且也愿意跟大人一起吃，每次要是全家吃同样的饭，孩子都能多吃半碗，这种情况下还非得单做根本没有必要。

这么听起来，母女二人各有各的道理，而且如果本着"求同存异"的思路想，两个人的核心目的其实是一样的：就是为了孩子好。妈妈是想让女儿吃得健康，姥姥是想让外孙女吃得开心、多吃一点儿。我问："要不把家里的饭做得稍微软一点儿，清淡一点儿，然后让孩子跟着大人一起吃，怎么样？"听了我的话，姥姥和妈妈都愣了一下，表情里写满了"这么简单的事，我们怎么没想到"的潜台词。

其实看完这件事的始末，大家可能也有同感：很多时候矛盾之所以会产生，是双方因为各自钻进了牛角尖里，争执之下每个人都忘了自己究竟为什么要坚持，也忘了事情的核心目的与出发点，只剩下拼命证明自己是对的，以及指责对方是错的。而在这种僵局之下，如果双方都能跳出来看全局，也许就会发现，问题的解决办法实在是简单得不能再简单。所以当家人之间意见出现分歧的时候，千万先让自己冷静下来，别站在各自的立场去争论谁更有"理"，抛掉对于"论对错""争输赢"的执念，而是尽量调整情绪转换思路，以孩子的诉求为出发点来考虑整件事，那么通常结果就会是双赢。

明确了解决分歧时的角度和思路之后，再来说说日常沟通和交流的问题，其实无论是儿媳和婆婆之间，还是母女之间，交流时都需要一个基本要素，那就是做到互相尊重、平等对话，能满足这两点，基本能做到相处融洽。尊重这一点不用多说，只需要真诚就行，双方都先从自身做出第一步，从心里真正尊重对方，才有可能从对方收获尊重。而交流就得需要一些技巧了，很多话说的时候需要讲求策略，才能收获好的效果。

被儿媳套路却不以为意的婆婆

再分享个案例，这次带孩子来看诊的是奶奶、妈妈和爸爸三个人，我检查完之后，奶奶说摸着孩子小手有些凉，让再给孩子加件衣服，孩子爸爸脱口而出："不冷，跟您说了不能摸手，不准。"奶奶当众被将了一军，脸色沉了下来，不过大概迫于当着外人又不好发作，自己就伸手要去拿衣服给孙子穿。这时候儿媳出马了，她边把衣服递给

宝宝的手这么凉，快穿上外套。

跟您说多少次了，判断孩子冷不冷不能摸手！

妈说得没错，是要小心别让孩子着凉。

妈，我摸着宝宝后颈挺暖和，您摸摸看。

这里摸着倒是热乎的。

医生说如果后颈是暖和的，手凉一些也没关系。我勤摸着点儿，宝宝冷了赶紧给他加衣服，好吗？

还是儿媳妇懂事。

年轻人要注意别站在上帝视角指责老人，把老人推向愚昧无知的立场。

应该在充分肯定老人价值的前提下开展沟通。

当两代人一起育儿遇到分歧时，年轻人应该先肯定老人的好意，带着尊重的心态用商量的口吻来沟通问题，并且要有技巧地交流。 ✓

在沟通困难时可以及时引入第三方视角，比如找专业的儿科医生指导。

奶奶，边说："是得小心点儿，别着凉感冒了。不过妈，我刚才摸他后背好像有点汗。您看汗落了吗？"奶奶见儿媳能理解自己的心思，表情缓和不少，伸手摸了摸孩子后背，说："是有点儿潮乎。"儿媳接着说："怪不得崔大夫说看孩子冷不冷，得摸后脖子那个位置呢，光看手的温度容易判断不准，小孩儿手就是偏凉，看来还真是。"

我看了一眼奶奶的表情，她肯定也觉出来自己被"套路"了，让儿媳给上了一课。不过因为孩子妈妈的语气中满是恍然大悟，仿佛也是刚刚发现这个"真理"，并没站在上帝视角，把老人家推向愚昧无知的那一端，让她处在被指责的位置，所以这样微妙的表达方式让奶奶很受用。孩子妈妈趁机又说："妈，要不咱先不穿呢，别到时候出汗太多再捂出痱子，我勤摸着点儿后脖子，凉了咱再赶紧穿，行不？"奶奶当然不愿意孙子出痱子，痛痛快快答应了。

由此可见，说话讲求技巧有多重要，而且旁观这位妈妈和婆婆交流时的感觉，她真的是理解奶奶怕孩子着凉的好意，而且从心底尊重自己的婆婆，愿意照顾她的情绪，想和她好好沟通。在这种心态下进行的交流，即便是双方观点不一致，让老人听进去建议也会变得容易很多。

始终各执一词？那就找个"裁判"

当然，也不排除在一些情况下，老人对某些建议怎么说都不听。这种时候小两口也不能来硬的，得"智取"，再给大家分享一个案例。孩子1岁半，同样是父母和奶奶带着来进行常规体检，检查结束之后，妈妈突然发问："崔大夫，能用辅食机做辅食吗？"一般这种"明知故问"

之下，背后必定有隐情，特别是当着老人故意提问，那大概率就是因为"那个"原因了。我决心试探一下心中的猜想，于是开始解释："辅食机肯定能用，但是你得注意使用方式，现在孩子1岁半了，不能把辅食打得太碎，要不没办法锻炼咀嚼，而且叶子菜最好别用辅食机，焯熟了切一下就行。"

说到这里，我停顿了一下，发现奶奶的表情上写着"你看，人家大夫也这么说"，而妈妈的表情则有些尴尬。我继续说："咀嚼的功能得慢慢练，孩子现在出了6颗牙，食物的颗粒最好有大有小、粗细不一，这样他有机会练嚼，但是又不至于因为全都嚼不烂而消化不良，性状有些像咱们大人嚼过两口的饭那样。"话音刚落，奶奶仿佛找到了知音一般，脸上露出了笑容。我继续说："咱们说是像大人嚼过的状态，但可别真的嚼完了喂给孩子，要不大人嘴里有病菌，这样做可能会传给孩子。"奶奶开心的表情消失了，变成了担忧。

对话发展到这里，我的猜想也被证实了：果然，这又是一个因为"嚼碎了给孩子喂饭"产生的分歧。而大家把话说开之后，更多细节也浮出水面：原来是奶奶觉得孩子妈妈把所有的食物都混在一起，用辅食机打成糊状，看起来有点儿恶心；而奶奶喜欢先把食物嚼碎，然后再喂给孩子吃，觉得这样好消化，妈妈又觉得这种做法不卫生。一番科普之后，妈妈和奶奶终于达成一致：以后给孩子做辅食的时候，注意用辅食机别打得太细，也不要把食物煮得太软烂，争取做到粗细结合。而且也要注意给孩子提供可以啃咬的功能性食物，锻炼咀嚼，帮助乳牙萌出。同时，还要注意别再给孩子喂嚼过的食物了。

讲这个故事其实是想给大家提供一种更多沟通思路，如果说两代人之间的育儿观念实在没办法调和，那么与其一味地各执一词、蛮力对抗，直到引发家庭矛盾，不如引入一个双方都能信任的，第三方的专业观点。比如故事中的妈妈，就选择带着老人和孩子一起来寻求医生的建议。这样一方面能坚持正确的育儿方法，另一方面在医生这样的中立角色的指导和调解下，两代人的观点也更容易达成一致。

争什么呢？其实目标是一样的

虽然因为经验和观念不同，隔代之间确实难免会有小矛盾、小冲突，但是这些绝对可以调和，原因很简单，大家的目的是相同的，就是一切都为了孩子。明确了这个大前提，带着尊重的心态，再使用一些交流技巧，用商量的方式来解决所有问题，那么即便"隔代育儿"的分歧不会被彻底消灭，但是也一定不会演变成矛盾，让争吵升级。

干货总结

无论是父母还是长辈，在育儿过程中追求的永远都是"为孩子好"，有了这个共同的目标作为基础，很多事情的沟通就可以找到突破口。而且两代人对话时，都要记得带着平等、尊重的心态，说话时讲求策略、考虑对方的感受，如果还是不能达成一致，可以适当引入第三方的专业观点。

04 大医治未病

做儿科医生的 36 年里，我慢慢发现，相比治愈少数孩子的疾病，让更多的孩子保持健康才是一个医生更该承担的职责。而想让孩子健康成长，又离不开家长适宜的养育方式。

36 年从医经历，给医者重新定义

这些年，在坚持儿童健康科普宣教的路上，我收获了很多身份。从开始的专栏作者，到后来的微博大 V、图书作者，再到综艺节目的嘉宾，以及一些研究会和协会的常务理事、委员等社会职务，还有崔玉涛诊所的院长……但是在我心里，我最喜欢的那个角色还是儿科医生，一名普普通通的儿科医生。因为儿科的诊室是我的起点，是能让我离孩子和家长最近，碰触到一个个有温度的灵魂的地方。

在这条我最熟悉的跑道上，我和志同道合的伙伴们一起跑过了一程又一程，在记忆里留下无数个家庭的剪影，也见证了千千万万个孩子的成长。我们感受着时代的变化，惊叹着医学的发展，也享受着几十年不变的亲情烘托出的温度。也正是这条充满了人情与希望的跑道，让我渐渐领悟到"大医治未病"的真谛。

从医之初，我心目中关于好医生的定义特别简单：认真学习、刻苦钻研，保持对医学的激情，不断积累临床经验，修炼出高超的医术，治好来求医的每个患者。可当我在北京儿童医院的儿童和新生儿监护病房工作期间，见过越来越多刚出生就要和命运顽强抗争的小生命，以及那些在病房外被焦虑包裹着的家长时，我对医生，或者说儿科医生这个职业的理解开始发生变化。我开始感觉到了生命的力量，更感觉到自己作为生命守护者的责任。我的责任并不仅仅是治愈某种疾病，更是要负责去守护一个生命在未来绽放的权利，守护一个家庭的期冀与寄托。

后来，随着生活水平慢慢提高，越来越多找到我的孩子其实并不算是有真正的疾病。比如开始吃辅食了体重却增长放缓、说话吐词发音不清楚、夜里频繁夜醒哭闹……这些问题如果按照教科书上划定的来讲，都不能算是病，但是实实在在地困扰着家长，当然其中也有一些是可能发展威胁健康的隐患。

同时，随着生活方式的变化、舶来品的增多、全球养育方式的交融，家长在育儿生活中遇到的问题也变得复杂起来，比如慢性腹泻、食物过敏、超重甚至肥胖等，另外还有些是曾经不被家长关注的心理问题，比如厌食、厌学、社交障碍等。这些事情都与养育有关，却又不全是传统临床儿科医生擅长解决的，也不太能在专业的医学书籍里找到答案。

科普如何养孩子，同时也在育家长

而对于医生来讲，其实很难单纯地通过看诊就帮家长解决所有问题，或者很多事情的最有效解决场景其实在日常生活中。所以，我渐渐明确了一个想法：只在诊室里看诊，只当个传统意义上的"好医生"并不够，我需要做的并不是治好孩子的疾病，更是要"育家长"，尽可能地让更多父母去了解科学的养育知识，拥有平和积极的养育心态，这样才能帮助他们更好地"养孩子"，才能从根本上去守护孩子的健康。

于是，我开始尝试通过各种渠道做儿童健康科普宣教。我感谢互联网，从新浪微博出现开始，我就每天回答家长提出的典型问题，粉丝的数量也越来越多，这个数字的增长，让我欣喜的真正原因，是更多的人能关注科学养育。让更多的人知道，对孩子健康的关心与呵护，绝不单纯是在一次疾病中为他找一位好医生，而是要关注他成长的每个细节，为他一生的健康打下良好的基础。

我也组建了一支团队，这里面有专业的医生，擅长的领域覆盖各个专科，也有擅长生产、传播专业医学科普内容的同事。医生日常在北京崔玉涛诊所出诊，内容部的同事会把来自临床的一手信息迅速加工成适合家长们学习的科普知识，擅长传播的伙伴们会通过各个平台发散出去。我之所以会这样做，就是不让我的个人精力问题成为我们做科普的瓶颈，我想把大家、每一颗耀眼的珍珠串成一条珍珠项链，让每个人都闪闪发光，也让家长朋友们受益更多。在为这支团队选择成员的时候，我只有两个标准：一是要有相同的情怀和价值观，二是要有主动分享和传播知识的开放心态。

令人高兴的是，组建团队的这些年里，我遇到了很多志同道合的伙伴，一起携手朝着共同的梦想迈进。也许从互联网日新月异飞速发展的角度来看，我们前进的步伐有些缓慢，但我和团队的每个人都相信，踏实可能会慢，但绝对不会错。到今天为止，团队里的每个成员，都仍然在小心翼翼地捧着我们的初心，坚定地稳步向前。

科普宣教二十年，不变的是观念

不知不觉之间，我做儿科医生已经 36 年了，做儿童健康科普 20 年，持续关注着医学领域的发展，也见证了家长养育方式和理念的变化。当然，这样的改变带来的不仅是发展和进步，也有焦虑和茫然。毫不避讳地说，很多时候新的研究成果会证明，也许我们十年前，二十年前的养育观点是不适用的；甚至因为研究前提的不同，在同一个时间段里，也会出现两种看似矛盾的观点。

所以，常有家长很直爽地向我提出疑惑："崔大夫，这件事几年前您不是这么说的呀？"又或者，"崔大夫，你的这个建议怎么和某某国家的指南不同呢？"……类似的问题听多了，我就更加坚信，时代在进步、科技在发展，而且每个国家都有自己的国情和特定的养育环境。在"没有标准答案"的养育这件事上，唯一需要坚守的其实并不是某一种方法、某一个指南，而是养育的观点。正确的养育观点可以帮助家长在养育过程中，从死记硬背各种理论、生搬硬套各式方法中跳出来，从更深的层面去理解这些观点背后的含义。而这也正是我提出和坚持"自然养育"观点的核心所在，我希望家长能尊重孩子的天性，也尊重客观的条件。

最后想和各位家长说的是，任何知识都会有更新，方式方法也会不断迭代，但是科学的原则是不会改变的。而让我们能拨开各种"表象"看到本质与原则的利器就是观念与心态。最后也希望每位父母都能够成为专属于自己宝宝的养育专家，每个宝宝都能在自然养育的理念下，被妥善呵护、健康快乐地长大！

干货总结

养育孩子其实没有一定之规和标准答案，需要父母们在充分了解孩子生长发育特点的前提下，建立科学的养育思维，带着平和的心态，用尊重、顺应的方法，给孩子自由的成长空间。

辅食专题

–

家长关于辅食添加的
13 个高频提问

OI　应该怎样进行辅食添加呢?

　　每个宝宝对于辅食的接受程度各不相同,家长要在遵循以下原则的基础上,根据实际情况灵活调整。

原则一:食材从单一到多样

　　辅食添加初期,家长要注意每次只添加一种新食材,并观察 3 天,确认宝宝没有不适症状后,再继续添加下一种。

　　这是因为食物过敏通常可能发生在吃下食物后的数秒(最短)、数分钟到 72 小时(最长)。也就是说,宝宝吃过一种新的食物后,如果超过 72 小时都没有出现什么异常,那就说明宝宝对于这种食物的接受度很高。

原则二：辅食性状从稀到稠、从细到粗

辅食添加初期，宝宝的吞咽能力、消化能力尚未发育完全，因此可以让米粉、菜泥等保持较稀的状态，之后随着宝宝吞咽能力的增强，再逐渐变稠。而起初宝宝咀嚼能力有限，食物的颗粒要比较细，例如糊状、泥状，当宝宝乳牙慢慢萌出，并且有了一定咀嚼能力后，食物颗粒可以逐渐变"粗"，逐渐从蓉、碎末，发展到小块、大块，直至接近成人食物的状态。

原则三：食材搭配要丰富，重视主食量

《中国居民膳食指南（2016）》指出，食物多样是平衡膳食模式的基本原则。谷物、水果、蔬菜、肉、蛋、奶的每种营养都很重要，并且要注意合理搭配，辅食中主食、蔬菜、肉类的比例推荐为2:1:1。要特别注意的是，宝宝在成长发育阶段需要碳水化合物及脂肪提供能量，因此要注意保证主食量，同时不要过分回避脂肪的摄入。另外，可以在两餐之间给宝宝吃水果作为加餐。

原则四：初期食材混喂，避免宝宝挑食

通常建议在宝宝1岁以前，家长可以将米粉、菜、肉这些食材混合在一起喂养。一方面，食物混合后味道差异不明显，更利于宝宝接受；另一方面也避免宝宝面临太多选择时出现倾向性，演变成"挑食"。等宝宝满1岁以后，接受的食材变多，同时家长也能更好地掌握宝宝的喜好时，再把食物分开提供给宝宝，让他渐渐习惯成人的进食方式——饭、菜、肉等分开吃。

原则五：1岁以内尽量不要额外添加调味品

宝宝1岁以内，准备辅食时要尽可能保留食材的原味，不需要额外添加盐、酱油、糖等调味品。这是因为母乳、配方粉、婴儿营养米

粉等食物中都含有婴儿生长所需的钠元素和氯元素，不需要再从调味品中获得。另外，让宝宝多接触天然食材的味道，有助于避免将来的挑食、偏食等情况，过多地用调料来加重口味，不仅会增加身体代谢负担，还容易影响宝宝对食物的偏好。

O2 宝宝的辅食该吃多少，一天吃几顿？

不同月龄宝宝应该补充的辅食"量"也不同，可大致参考下表。但每个宝宝情况不同，家长没有必要过于纠结辅食量，而更应该关注宝宝的接受度、对辅食的兴趣等，并且用生长曲线作为标准来判断喂养效果。

6~24 月龄喂养建议

		6 月龄	7~9 月龄	10~11 月龄	12~24 月龄
乳品喂养量		每日 4~6 次，总计 800~1000ml	每日 3~4 次，总计 700~800ml	每日 2~4 次，总计 600~700ml	每日 2 次，总计 400~600ml
辅食喂养量		每日 1~2 次，每次 1~2 勺	每日 2 次，每次 2/3 碗	每日 2~3 次，每次 3/4 碗	每日 3 次，每次 1 碗
辅食选择	谷薯类	含铁米粉 1~2 勺	含铁米粉、粥、软米饭、烂面 3~8 勺	面条、碎米饭、小馒头、面包 1/2~3/4 碗	各种家常谷类 3/4~1 碗
	蔬菜类	菜泥 1~2 勺	烂菜、碎菜 1/3 碗	碎菜 1/2 碗	各种蔬菜 1/2~2/3 碗
	水果类	水果泥 1~2 勺	水果泥、碎末 1/3 碗	水果小块 1/2 碗	各种水果 1/2~2/3 碗
	肉、蛋、禽、鱼、豆类	红色肉类 1~2 勺	肉、鱼 3~4 勺	蛋黄、肉、鱼 4~6 勺	蛋、肉、鱼、豆腐类 6~8 勺
	油盐	油酌情适量，不加盐	每日油 5~10g，不加盐	每日油 5~10g，不加盐	每日油 10~15g，盐 < 1.5g

至于吃辅食的时间，添加初期，可以安排在上午、下午各一次，有助于帮宝宝逐渐形成规律的吃饭时间。之后随着辅食量逐渐增加，

慢慢可以替代一顿奶后，吃辅食的时间就可以尽量接近大人进餐的时间，方便日后全家一同进餐。

O3　宝宝添加辅食后，奶和辅食需要分开喂吗？

最初添加辅食时，建议辅食和奶合为一顿喂养，但不要增加总的喂养次数。在进食顺序上，一般建议先喂辅食，后喂奶，这样有利于让原本只习惯喝奶的宝宝逐渐适应并接受辅食的添加。但如果宝宝对辅食有特别的偏好，甚至因为添加辅食而不爱喝奶了，那么建议先喂一定量的奶，再喂辅食，因为在饥饿状态下宝宝接受奶会更容易些。在规律添加辅食一段时间后，随着宝宝进食量的不断增加，辅食会逐渐取代一顿奶，而每日推荐摄入的奶量也会相应减少。

O4　第一口辅食只能吃含铁婴儿营养米粉吗？

《中国居民膳食指南（2016）》中指出，婴儿最先添加的辅食应该是富含铁的高能量食物，如强化铁的婴儿米粉、肉泥等。这是因为，宝宝在 6 月龄左右，体内储存的铁元素差不多消耗殆尽，而且随着宝宝的生长发育，对铁元素的需求增加，如果摄入不足容易引发缺铁。

结合我国家庭的饮食习惯，宝宝的第一口辅食，建议优先选择含铁的婴儿营养米粉，但这并非是唯一的选择。

05 宝宝不满 6 月龄，但感觉只吃奶已经不够了，可以提前加辅食吗？

如果宝宝已经满 4 月龄，并且有以下表现，可以考虑提前添加辅食：

- 看到大人吃饭时表现得十分感兴趣，盯着饭菜看、嘴巴跟着动，同时可能流口水、吃手等，总之就是看起来也很想吃。
- 吐舌反射逐渐消失，在把小勺放到宝宝嘴边时，他会主动张嘴含住勺子，而不是用舌头把勺子顶出来；
- 宝宝神经系统发育到一定程度，可以独立坐稳；
- 在保证宝宝每天奶量（例如母乳喂养 8~10 次）的情况下，宝宝的体重已经不再增加了（需要通过生长曲线记录观察，并且排除疾病因素）。

06 可以给 1 岁左右的宝宝吃零食吗？

零食并不一定和不健康画等号，宝宝胃容量小，新生代谢又很旺盛，特别是 1 岁左右运动能力增强，消耗更快，因此两餐之间可以适当加些零食，补充能量。

只不过零食的选择要特别注意，可以选择吃些水果，或者自制的白薯干、牛肉干等，如果给宝宝购买市售的零食，那么要留意配料表，越简单越好。

给宝宝吃水果时，注意不要蒸煮，以免破坏其中的水溶性纤维素，也不要榨成果汁，避免宝宝在单位时间内摄入过多的糖分。如果给宝宝吃坚果作为零食，要注意碾碎后再食用，以免发生呛噎等意外状况。

07 辅食从什么时候可以加油？哪种油更好？

根据《中国居民膳食指南（2016）》推荐，宝宝开始添加辅食后就可以开始加油了。1岁以内，推荐摄入量5~10g/天；1岁以上，推荐摄入量10~15g/天。

选择油时，优选富含更多不饱和脂肪酸的植物油。核桃油、橄榄油、玉米油都可以，另外由于不同的植物油含有的不饱和脂肪酸略有不同，所以可以几种油替换着吃，让宝宝摄入不同的脂肪酸。

08 自制米粉是不是更加安全卫生？

相比自制的米粉，市售的婴儿营养米粉里还含有宝宝不同阶段成长必需的营养元素，例如铁等，对于刚刚添加辅食的宝宝，因为食材种类有限，更是需要依靠米粉来补充铁元素，自制的米粉则很难做到这一点。所以，建议还是给宝宝购买婴儿营养米粉，购买时注意通过正规购买渠道，选择正规厂家生产的产品即可。

09 宝宝吃辅食之后需要喝水吗？喝多少合适？

宝宝添加辅食后，可以开始适当喝水。具体每天应摄入多少水并没有固定标准，要看宝宝的需求。事实上，日常宝宝摄入的液体、含水分的食物都算是补水，例如奶、粥、水果等，所以家长没有必要单纯追求"喝水量"，而是要学会判断宝宝是否缺水，然后再灵活掌握"喝多少"。

通常，可以从下面两方面来进行判断宝宝是否缺水。

- 排尿次数：宝宝24小时排尿次数在6次及6次以上，说明身体是不缺水的。
- 尿液颜色：如果尿液清亮透明，或者稍微有一些淡黄色，也表示身体不缺水。如果宝宝尿液颜色非常黄（晨尿除外），或者有些味道，则表示宝宝身体已经缺水了，需要喝水。

10 宝宝添加辅食后，需要额外补充哪些营养素？

宝宝添加辅食之后，必须额外补充的只有促进钙吸收的维生素D，这是因为一般正常喂养的宝宝，几乎所有营养素都能从食物中获得，不需要额外补充。只有维生素D在天然食物中量很少，单独通过日照让身体足量合成又不太现实。因此，建议母乳喂养的宝宝从出生后几天，每日要补充400IU的维生素D制剂；1岁以上，每日补充600IU的维生素D制剂。如果宝宝是配方粉喂养，可以减去通过配方粉摄入的维生素D，不足的再靠制剂补充。

11 什么时候可以开始锻炼宝宝自主进食?

从 9 月龄开始,就可以为宝宝准备一些手指食物,让宝宝开始尝试自主进食。这时候宝宝捏、扔、把玩食物都是在感受食物的正常行为,家长不要禁止。到 11 月龄左右,如果宝宝愿意,可以让他尝试使用勺子,并且给他准备一些相对浓稠的食物进行练习。到 1 岁左右,要开始有意识地鼓励宝宝使用勺子独立进餐。

培养宝宝自主进食的过程中,家长要能忍得住"脏乱",宝宝在抓食物吃,或者练习使用勺子的过程中难免会搞得"一地狼藉",家长不要过多干预,给宝宝更多机会练习。

12 提早添加易致敏食物能预防过敏吗?

近年,国际权威医学期刊《新英格兰医学杂志》发表论文,证明早期引入高致敏风险食物有助于降低食物过敏发生率。另外一些国际研究也证实,在宝宝成长早期,定期、少量地介入多种食物蛋白过敏原,就像"主动出击"一样,让宝宝的免疫系统能够得到均衡、温和而持续的锻炼,帮助他逐渐建立免疫耐受力。目前,也确实有些品牌开始将这一研究结果应用到产品研发中,希望能够通过一系列产品来帮助孩子避免早期食物过敏问题。

但这种"介入"是有限定条件的,需要少量、定量、持续、规律地科学供给,而非教条地盲目地添加,忽略孩子的反应。再次提醒家长给宝宝吃新食物时要多留意,一旦出现了疑似过敏的症状,就要回避这种食物 3~6 个月后再次尝试。

13 食品添加剂，天然的比人工合成的更好？

事实上，很多情况下人工合成的食品添加剂比天然食品添加剂稳定性更好，更易被人体吸收。因此，只要是正规厂家生产的，符合国家安全标准的食品，不管其中的添加剂是人工合成的还是天然的，都可以放心地购买食用，不存在优劣之分。另外，符合国家安全标准的食品通常会在包装上印刷SC标识，表明该食品已经获得国家生产许可。

视力专题

–

家长关于视力保护的
20 个高频提问

O1 孩子从多大开始要做视力检查?

足月出生的孩子,可以在 3 月龄、6 月龄、9 月龄及 1 周岁时,分别进行一次眼科检查,以便及时发现先天性斜视等眼部发育问题,同时了解"远视储备"情况。

1~3 岁的幼儿,可以每 3~6 个月检查一次,检查项目包括孩子眼睛发育的一些指标,比如,眼球的轴距、角膜的屈光率、眼球运动情况等,持续监测孩子眼睛的发育情况。

3 岁以上的幼儿,可以每半年检查一次,除监测眼部是否发育正常,还要进行视力检查,并关注是否有视觉疲劳的情况。

O2 "远视储备"与后天近视的关系是什么？

孩子出生时，大多有一定的远视度数储备，即我们常说的"远视储备"。随着孩子的生长发育以及日常用眼，远视储备会被慢慢消耗掉。不同年龄的孩子，远视储备的"安全"范围不同，既不能太多，也不能太少。通常，新生儿会有300度左右的远视储备，到孩子3岁左右时，远视储备度数大概为250度，5岁时为100度左右，10岁左右远视储备基本被消耗光，视力由远视变为正视。如果孩子的远视储备本身就较少，或是消耗过快，那么出现近视的风险就会提高。因此，家长要定期带孩子做视力检查，建立视觉档案，以便及时发现问题，调整孩子的用眼习惯。

O3 父母近视会遗传给孩子吗？

遗传因素的确是影响近视的重要因素之一，有研究表明，如果父母双方都是高度近视（近视度数≥600度），孩子出现近视的概率要更高一些。但遗传因素并非影响近视的唯一因素，相比之下，用眼习惯、定期检查干预等后天因素对孩子视力的影响更为重要。因此，不管父母是否有近视的问题，给孩子从小建立视觉档案，定期进行检查，并养成良好的用眼习惯，对于保护视力的意义十分重大。

O4 孩子近视了，可以用什么方法控制？

通常，针对近视的控制，目前使用较多的是角膜塑形镜，即OK镜。角膜塑形镜外形类似隐形眼镜，原理是通过镜片压迫角膜表面的角膜上皮细胞和泪液层，使角膜表面变平，从而控制眼轴长度，达到延缓近视的发展的效果，但并不能使眼轴长度变短，治好近视。此外，佩戴角膜塑形镜是有年龄限制的，我国通常建议 8~15 岁的孩子在眼科医生的指导下佩戴角膜塑形镜。如果孩子年龄在 8 岁以下，或者不适合佩戴OK 镜，也可以在医生的指导下选择功能性框架眼镜（离焦镜片）。需要提醒的是，普通框架眼镜起不到控制近视的作用，只能帮助孩子解决看不清的问题。

05 查视力时的散瞳是怎么回事?

散瞳是指通过药剂，例如阿托品等，使睫状肌失去调节能力。失去调节能力，这种状态下再进行视力检查，可以观察到眼睛最真实的状态，进一步保证检查结果的准确性，排除由于睫状肌痉挛等引起的假性近视。散瞳药水的作用都是暂时性的，一段时间后，瞳孔的调节能力会自行恢复，不会对眼睛造成伤害。不过散瞳期间，由于瞳孔扩张，孩子可能会出现畏光、流泪等情况，这些都属于散瞳时的正常现象，家长不用过于担心。

06 眼镜度数故意配低一些，能控制近视吗?

不能。如果孩子确实存在近视的问题，一定要到专业的机构进行验光、配镜，并按照医生的指导选择合适的度数，正确佩戴眼镜。家长不要按照自己的想法故意将眼镜度数调低，低度数的眼镜对于阻止近视度数的增加并没有任何帮助，相反由于眼镜度数不合适，反而会加重孩子用眼时的负担，让眼睛更容易疲劳。

07 按摩等方式是否能防治近视？

近视主要与眼球的眼轴变长有关，而这种变化是不可逆的，如果孩子已经近视了，可以进行的常规干预是控制近视度数，而非治愈近视。像按摩、针灸、贴护眼贴等方式，能够在一定程度让紧张的眼肌得到放松、舒缓，加速睫状肌代谢产物释放，起到帮助缓解视疲劳的作用，但对于改善近视帮助并不大。

08 散光是怎么形成的，如何纠正？

散光可以分为生理性散光和病理性散光两种，几乎每个孩子在婴儿期都会有生理性散光，随着眼睛发育，通常在孩子3岁左右会自行恢复。如果孩子3岁之后仍然有散光问题，则建议就医。通常，对于75度以内的散光，暂时不需要干预，可以定期检查，随时观察视力的发育情况。如果散光度数超过75度，或孩子的视力已经受到影响，就需要在医生指导下，及时佩戴矫正眼镜或通过手术的方式进行调整，避免有散光问题的眼睛视物不清，得不到足够的视觉刺激而出现弱视、斜视等问题。

部分散光的出现也会和后天不良的用眼习惯有关，如频繁用力揉眼睛（会导致眼球形状不规则），也会加重散光。病理性的散光一般与眼球的器质性病变（如角膜的疾病）有关，会表现出散光度数的持续性的变化。

09 引起斜视的常见原因有哪些?

通常,不满3月龄的婴儿偶尔会存在斜视的情况,不过这属于正常生理现象,一般不需要治疗,随着孩子长大就会自然消失。如果孩子满3月龄仍然存在斜视的情况,则建议就医。

引起斜视的原因很多,需要医生经过评估后进行专业的判断。其中,最常见的原因是远视度数较高,针对这种情况,孩子需要在医生的指导下佩戴矫正眼镜,同时进行一些需要眼睛近距离工作的精细训练,例如穿珠子、写字帖等需要手眼协调的活动,来缓解远视度数过高的问题。至于孩子具体需要哪种训练,以及训练时长等,需要医生根据孩子的具体情况制定个性化治疗方案。

10 什么是适宜日常室内环境亮度?

一般适宜的室内环境亮度在300勒克斯(照度单位)左右就可以,感受上是室内光线充足、环境明亮,但不刺眼,能够清晰地看清东西。

另外,室内的光源不建议只用吊顶灯,如果孩子坐在灯下玩玩具、看绘本、画画等,光线会被自己的身体挡住,视野内比较暗,时间长了容易出现视觉疲劳。因此家中最好同时准备落地灯、桌面台灯等侧面光源,确保孩子从不同角度看东西时,视线内的亮度都能有保证。

另外,要注意台灯的摆放位置,如果孩子右手写字,台灯应摆放在左前方,如果孩子是左手写字,台灯应放在右前方,避免出现背光区域。

II 家庭用照明灯应该怎么选?

挑选室内用的照明灯时，主要需要注意色温，建议选用暖黄光，相对柔和不刺眼。另外，在挑选台灯时，注意不能有频闪。选购时，可以在台灯打开的状态下，用手机对着灯管拍照，如果照片中的灯管有一节一节的影子，说明存在频闪。

频闪很难被肉眼辨识，但对眼睛会产生不断地闪烁刺激，加快眼疲劳，另外不要选择带有炫光、蓝光的台灯。

I2 使用电子产品有哪些注意事项?

第一，要注意保持适当的距离，确保眼睛与屏幕的距离是电子产品屏幕对角线的3~5倍，也就是说，屏幕越大，孩子应该离屏幕越远。此外，如果是电脑，因为要操作键盘等，眼睛与屏幕的距离可适当调整，保持在成人一臂（大约75cm）左右。

第二，要注意屏幕亮度，避免屏幕过亮使眼睛长时间受光源刺激，引起视觉疲劳，损害眼睛健康。因此，如果是使用平板电脑、手机等，可以打开自动调节亮度功能，保证屏幕亮度与环境适宜。

第三，要注意用眼时长，通常建议每隔20分钟就要适当放松，让眼睛休息一下。

I3 投影对眼睛的伤害，是否相对小一些?

与日常的电子产品相比，投影仪对眼睛的伤害可能更大。

首先，投影屏幕面积较大，如果按屏幕对角线 3~5 倍的观看距离计算，一般的客厅面积较难满足，孩子很可能需要近距离观看，不利于保护视力。

其次，使用投影仪时，为保证画面清晰度，需要保证环境光线较暗，与屏幕出现较为强烈的明暗对比，同样不利于保护视力。

最后，如果在开灯或有自然光源的情况下观看投影，画质会变得不清晰，长时间观看同样会造成孩子视觉疲劳。

所以，从保护视力的角度来讲，不建议使用家用投影仪。

I4 该如何保持正确的学习姿势?

很多孩子在看书或写字的过程中，会习惯性前倾，出现弯腰驼背、眼睛距离书本过近的问题。为了避免这种情况出现，让孩子保持正确的书写姿势，家长首先要保证书桌高度适宜。正确的高度应该是孩子坐下后，上腹部到书桌边沿的距离大概在一拳左右，眼睛到书本的距离要保持在 33 厘米左右。另外，如果孩子需要握笔写字，手离笔尖的距离应为 3 厘米左右。如果条件允许，家长也可以购买桌面带有一定倾斜角的学习桌，这种特殊设计也有助于孩子保持正确学习姿势。

15 近距离工作后，眼睛的放松原则是什么？

看书、玩玩具、搭拼插玩具、使用电子产品等，都可以叫"近距离工作"，所有的近距离工作都会造成视觉疲劳，不利于视力保护。因此孩子在进行近距离工作时，要注意使用美国眼科协会推崇的"20，20，20法则"来放松眼睛。这个原则是指，近距离工作20分钟后，要看向20英尺（约等于6米）远的距离，持续看20秒钟，就可以最大限度地放松眼睛。

16 夏天光照强，户外活动时需要注意什么

夏季户外活动，可以选择上午10点前，或下午4点后进行，并尽量选择有树荫遮蔽的位置，避免紫外线直射孩子的眼睛，造成损伤。如果必须在日光下活动，可以给孩子佩戴宽帽檐的遮阳帽，2岁以上的孩子也可以考虑使用墨镜。

选择墨镜时，一方面要选择能够有效阻挡紫外线光的墨镜，可以查看太阳镜包装上是否有"UV400"或"UV100%"的标识；另一方面要注意镜片颜色，通常推荐茶褐、浅灰、浅茶等颜色，相比之下这三种颜色视觉感受及舒适度较好。要尽量避免深黑等深色镜片，以免影响眼睛发育。除此之外，还要注意太阳镜镜片面积不能太小，以免阳光从眼睛上方、侧方射进眼睛。

I7 孩子需要使用偏光太阳镜吗?

如果去紫外线强烈的空旷地带,如去海边、爬山、滑雪时,就需要使用带有偏光功能的太阳镜来保护眼睛。这是因为偏光眼镜的镜片上有层防护膜,光线照射到镜片上会发生折射,这样,通过镜片直射进眼睛的光线就不会过于强烈,从而对眼睛起到保护作用。

鉴别太阳镜是否有偏光功能,可以将电视打开,将太阳镜放在眼前,并透过太阳镜的镜片看屏幕,此时电视中的影像应该较亮,随后将太阳镜慢慢向竖向翻转,如果屏幕中的影像变暗,则说明太阳镜具有偏光功能。如果是普通太阳镜,透过镜片看到的影像不会发生明暗变化。

I8 吃富含叶黄素的食物,能预防近视吗?

叶黄素对眼睛有好处,因为眼底有个很重要的区域叫"黄斑"。黄斑富含叶黄素、玉米黄质。玉米、南瓜、菠菜、西兰花等食物确实含有较多叶黄素,吃这些食物虽然确实对保护视力有益,但是想靠吃食物预防近视是不可能的。如果想预防近视,更重要的是养成健康的用眼习惯,注意用眼卫生,并且定期进行视力检查,做到早发现、早干预。

I9 孩子经常流泪,是怎么回事?

孩子泪多通常与三方面原因有关:第一,环境比较干燥,或者用眼时间过长导致眼睛疲劳时,就可能会出现眼睛干涩的问题,于是眼睛会通过分泌更多的眼泪来进行自我保护。第二，如果孩子存在倒睫的问题，也可能会出现经常流泪的问题。第三，如果是小婴儿，可能有鼻泪管不通的情况，使得泪腺分泌出的眼泪不容易排出，因此总会给人眼泪汪汪的感觉。如果家长感觉难以自行判断泪多的原因，要带孩子及时就医。

20　孩子有倒睫的情况，必须做手术吗？

倒睫属于较常见的情况，如果是不满 3 岁的婴幼儿，由于睫毛相对柔软，即使出现倒睫，通常也不会对角膜造成损伤。并且随着孩子长大，倒睫的情况会有所好转。因此家长可以先暂时观察。如果是 3 岁以上的幼儿，睫毛逐渐变硬，倒睫则可能对角膜造成损伤，因此需要尽早带孩子到眼科进行进一步检查，并制订适合的治疗方案，通常可以通过倒睫贴、手术等方式处理倒睫的问题。特别提醒家长不要自行给孩子拔睫毛，被拔过的睫毛在根部会形成断端，此处再次长出的睫毛会变得更粗硬，对角膜造成更大的损伤。

口腔专题
—
家长关于口腔保健的
20 个高频提问

OI 人的一生中，牙齿发育顺序是怎样的？

6 月龄~6 岁是乳牙期。这期间孩子的乳牙会萌出，满 3 岁时能出齐 20 颗乳牙。

6~12 岁是替牙期，也就是俗称的"换牙期"。这期间孩子的乳牙会脱落，逐步替换成恒牙。通常在 12~14 岁，孩子的乳牙会全部脱落，并出齐 28 颗恒牙。

17 岁开始，智齿会萌出。但智齿萌出的情况因人而异，虽然人共有 4 颗智齿，但有可能不会全部萌出，有人甚至一颗都不萌出。因此，成年人的牙齿数量在 28~32 颗。

02 乳牙萌出时，会遵循怎样的基本规律？

通常来讲，乳牙萌出遵循的规律是：

下颌牙萌出比上颌牙萌出早；

牙齿是左右对称成对萌出的；

中间牙齿萌出要比旁边牙齿萌出早。

但以上是指一般规律，孩子的发育存在个体差异，乳牙萌出的时间点、顺序也不会千篇一律。因此家长不必过于纠结萌牙的顺序，更不要焦虑出牙的时间，通常孩子在满13月龄前萌出第一颗乳牙都是正常的，如果超过13月龄仍然没有乳牙萌出，可以去寻求医生帮助。

03 哪些生活习惯会影响口腔的发育？

母乳喂养时，如果姿势不当，例如长期让孩子平躺吃奶，可能会对下颌骨发育造成影响，易造成反颌。另外，对于1岁多的孩子来说，仍然频繁吃手，辅食性状过于细软，咀嚼锻炼不够，日常张口呼吸等习惯，都会对孩子的口腔发育造成影响。如果不及时纠正，情况严重的可能会影响面容、语言能力等。

04 孩子出牙时会有哪些不适，如何缓解？

出牙时，牙齿会将牙龈顶破，然后慢慢长出。在这个过程中，孩子可能会因为牙龈酸胀不适出现哭闹、咬手指的情况，还可能有流口水、低热、耳部不适等。家长可以准备磨牙棒、安抚奶嘴、牙胶等让孩子啃咬，缓解牙龈肿胀带来的不适感。如果有需要，也可以将磨牙用品放在冷藏室中10分钟左右，清凉的口感能让孩子感觉更舒适。另外，家长可以用硅胶指套牙刷为孩子轻轻按摩牙龈，也能在一定程度上缓解不适。注意按摩时不要用力过猛，更不要使劲摩擦，以免弄伤牙龈。

05 乳牙最终都会被换掉，还需要认真保护吗？

乳牙如果出现严重龋齿，很可能会影响恒牙发育。恒牙的牙胚就在乳牙根部下面，如果龋齿波及乳牙牙根及牙周组织，就会影响到恒牙健康。此外，如果乳牙龋坏严重，需要拔出，那么与它相邻的两颗乳牙会逐渐挤占原本属于它的位置，未来这个位置的恒牙萌出时，就没有足够的空间了，很可能会出现牙齿排列不齐的问题，另外如果前牙龋坏严重，可能会有说话漏风的问题，同时也会因为被同龄小朋友嘲笑等对心理造成影响，因此家长要特别重视乳牙保护。

06 孩子不怎么吃糖，为什么还会出现龋齿？

龋齿形成的重要原因与牙齿上残留的糖分有关，致龋菌使这些糖代谢产生酸，而酸会使牙釉质脱矿，形成龋洞。但是这里说到的被细菌败解的糖分，未必只来自糖果，奶、食物中也有。

如果孩子喝过奶或吃过东西后没有及时清洁口腔，嘴里的食物残渣粘在牙齿上，就会给致龋菌可乘之机。而乳牙的牙釉质比较薄，被腐蚀的可能性更大，也就更容易出现龋齿。因此，从小就要给孩子养成清洁口腔的好习惯。

07 怎样判断牙齿是否有出现龋齿的趋势？

第一，家长在给孩子刷牙时，可以用带棒的牙线或牙签在牙面上轻轻划过，确认是否有软垢，如果有，说明日常口腔清洁不到位，一方面要及时清理掉软垢，另外一方面密切注意牙齿表面是否有变化。

第二，家长可以带孩子到正规口腔机构进行口腔菌群的检测，确认孩子口腔中致龋菌情况。如果致龋菌的数量较多，说明出现龋齿的风险较高，要注意防范，可在医生指导下为孩子做些有针对性的预防项目。同时，这种情况下建议孩子的看护人也要做相关的检查，因为口腔的致龋菌通过飞沫传播，家庭成员间日常交谈即可形成传播条件。

第三，正常的牙釉质是亮白色的，如果孩子的牙面已经出现了小白点，尤其是两个上门牙牙面的白点已经特别明显，或牙缝开始变暗，就要高度警惕，及时带孩子到口腔科检查。

08 什么时候需要带孩子去看牙医？

定期的口腔检查有助于全面了解孩子的口腔健康状况，医生可以根据牙齿情况，及时发现孩子日常饮食结构、饮食习惯、洁牙方式等方面的问题并给予指导，也能尽早发现龋齿风险并进行干预。因此，最晚当孩子出第一颗乳牙后，就应该去看牙医，之后至少每3个月去看一次牙医。如果孩子已经患有龋齿，或出现龋齿的风险较高，那么看牙医的频率应该提高，要注意遵医嘱。总之，家长要养成定期带孩子检查口腔的好习惯，不要等到出现牙疼等问题时再去治疗。

09 日常该怎样为孩子清洁牙齿？

孩子出牙前，每次喝奶后可以喂一两口清水，达到漱口的目的。家长也可以用硅胶指套帮孩子按摩牙龈，清理附着的奶渍或辅食残渣，也让孩子逐渐适应口腔中的"异物感"，为日后规律刷牙打基础。

孩子第一颗乳牙萌出后，就应该给宝宝刷牙了，每天早、晚各一次。乳牙基本出齐后，每次的刷牙时间要保证在2分钟。孩子1岁左右，可以开始使用儿童中性毛牙刷，之后根据孩子的接受程度，可以从1岁半时开始慢慢培养他尝试自己刷牙，不过由于孩子在7岁之前，都不太具备把牙齿刷干净的能力，因此这期间真正的牙齿清洁工作始终要由家长来完成。家长可以先让孩子自己刷一遍，帮他熟悉刷牙的动作，之后再亲自给孩子刷一遍，完成彻底的清洁。

10 牙线有什么用，孩子可以用吗？

每颗牙齿都有5个面，包括唇颊面、舌面、咬合面和两个邻面。而牙刷通常只能刷到其中三个面，至于两颗牙相邻的邻面，也就是俗称为牙缝两侧的位置，牙刷很难清洁干净。但偏偏牙缝又是最容易存留食物残渣地方，使得邻面容易被腐蚀。牙线的作用就是在牙缝中轻轻刮擦，将残留在这个位置的食物及菌斑清除。因此，孩子只要有相邻的两颗牙萌出，就可以开始考虑使用牙线进行清洁了。

II 该怎么正确地给孩子刷牙？

为孩子刷牙推荐采用圆弧式刷牙法。通常我们刷牙时，比较容易刷到的是牙齿的唇颊面和咬合面，而舌面还有邻面则比较难被清洁到。因此，针对不同的面要采取不同的刷牙方法，例如对于牙齿的唇颊面，可以采取画圆圈刷法，而磨牙的咬合面可以用拉锯式刷法，至于所有牙齿的舌面，则要使用顺着牙缝从下往上用提拉式刷法。另外需要提醒的是，与成人刷牙的方法不同，给孩子刷牙时要注意上下牙分开刷，从口腔清洁的顺序上来讲，可以先使用牙线，然后漱口，之后刷牙，最后再漱口。

I2 孩子的牙刷和牙膏该如何选择？

儿童牙刷要注意选择中性毛、刷头前端较圆的款式。另外也要注意刷头大小，如果刷头过大，在嘴里转动不灵活，会较难刷到磨牙；如果刷头太小，可能要花较长时间才能刷净整口牙。通常来讲，以刷头大小能覆盖孩子门牙位置的三颗牙左右为适宜。

关于牙膏，世界卫生组织、美国牙科协会等都推荐，宝宝从萌出第一颗牙开始，就应该使用含氟牙膏。《中国居民口腔健康指南》也明确指出：含氟牙膏有明显的防龋效果。事实上，只要控制好使用量，即便孩子将牙膏误吞，也不会导致氟中毒，常规用量建议为：3 岁以下的孩子每次使用量为大米粒大小，3岁以上的孩子每次使用量为豌豆粒大小。

I3 孩子多大可以开始使用电动牙刷？

电动牙刷并没有明确的年龄使用限制，事实上，只要刷牙的方式正确，无论是电动牙刷还是普通牙刷，都能起到清洁牙齿的作用。在正确的操作方式下，电动牙刷并不会损伤孩子的牙齿和牙龈。

但是因为电动牙刷有比较强的震动感，且声音较大，年龄过小的孩子可能存在接受困难的问题，因此通常建议孩子3岁左右再开始使用电动牙刷，具体的使用年龄以孩子的接受程度为准。

I4 什么是涂氟？孩子多大需要涂氟？

涂氟是指用含氟的药物处理牙齿，起到抑制口腔细菌滋生、预防或治疗龋齿的作用。美国儿童齿科学会相关指南建议：鼓励对所有面临蛀牙风险的儿童处以专业的氟制剂治疗手段。因为涂氟属于预防性措施，因此并没有明确的年龄建议，是否涂氟要视孩子的牙齿情况而定。通常来讲，当孩子出了8颗牙时，就能够涂氟了。另外，也有些机构可能会建议孩子2岁后再涂氟。涂氟后，常规建议3个月后要复查一次。另外，需要提醒的是，涂氟并不能代替刷牙，家长千万不要认为孩子的牙齿涂氟后就可以高枕无忧了，进而忽视了每天的牙齿清洁。

15 什么时候给孩子做窝沟封闭？

磨牙咬合面有很多凹凸不平的沟及窝，食物残渣和细菌极易嵌在里面，而日常漱口和刷牙都比较难彻底清洁，容易留有食物残渣，提高患窝沟龋的风险。因此，口腔科医生可以用高分子树脂材料填平这些窝沟，把食物残渣等隔绝在外，防止细菌和糖分等沉积在窝沟位置，起到预防龋齿的作用，这就是窝沟封闭。窝沟封闭的过程并没有痛感，所用的材料也都是安全的。

一般，有深窝沟的乳磨牙，还有恒牙的前后磨牙都可以做窝沟封闭，推荐的时间是：3~4 岁，乳磨牙；6~8 岁，六龄牙；11~13 岁，恒双尖牙、第二恒磨牙。

16 牙齿为什么会有色素沉着？

很多孩子的牙齿上有黄色或黑色的物质，这些有可能就是牙齿的色素沉着。导致孩子牙齿色素沉着的原因有很多，例如深色食物中的色素、补剂中的某些元素、口腔 pH 值的变化等。孩子牙齿出现色素沉着时，家长首先就是要在医生的帮助下寻找引发问题的原因，从根本上去掉引起色素沉着的诱因。此外，2 岁以上的孩子还可以尝试做牙面清洁来清除色素，与成人洁牙不同，孩子洁牙时所用的工具一般是较软的医用软毛刷，不会让孩子感觉到特别不适。

17 孩子乳牙的牙缝比较大，正常吗？

事实上，乳牙之前的间隔比较大未必是坏事。因为乳牙的牙缝大，更容易清洁，并且这些间隙为日后恒牙留出了足够的空间，因为恒牙要比乳牙宽得多，如果孩子在乳牙阶段，牙齿就非常紧密地挨在一起，恒牙萌出时反而会因为位置不足挤在一起，容易变得参差不齐。而如果乳牙间牙缝较大，恒牙萌出后有充足的生长位置，更容易排列整齐。

18 为什么孩子换牙后牙齿较黄，有些歪？

有些家长发现，孩子门牙的位置新长出的恒牙，颜色相对偏黄，且有些歪，于是担心孩子的牙齿出了问题。事实上，这是换牙过程中的自然现象，因为恒牙的矿化程度比较高，看上去偏黄；而乳牙矿化度低，所以颜色发白，也更容易龋坏。而对比之下，家长会觉得恒牙"颜色不对"。另外，由于相邻的恒牙还没有萌出，所以新换的门牙通常并不在正常位置上，也会因为没有相邻牙挤压的力量而显得有些歪斜，通常这种情况随着相邻牙的萌出，就会有所缓解。

19 孩子为什么有口臭？

引起孩子口臭的原因很多，例如口腔溃疡、扁桃体发炎、鼻窦感染、鼻炎等，又或者当孩子存在长期的消化吸收不良、便秘、腹泻等胃肠道问题时，也有可能会出现口臭。家长在排查过程中，如果排除了上述所有的问题，那么口臭就可能与口腔清洁不到位有关。如果孩子有龋齿，也可能产生口腔异味。

20 孩子多大应该戒吃手和安抚奶嘴?

对于不满 1 岁的小婴儿来说，吃手有助于缓解焦虑情绪，增强安全感。因此对于此阶段的吃手行为，家长不用过分干预，也可以给孩子准备安抚奶嘴作为替代。

而从孩子满 1 岁开始，家长就可以开始有意识地引导孩子降低吃手或安抚奶嘴的频率。通常随着孩子活动能力的增加，注意力被更多刺激吸引，一般到了 1 岁半左右就会自然摆脱吃手的习惯或对安抚奶嘴的依赖。

如果孩子超过 2 岁，仍然习惯吃手或严重依赖安抚奶嘴，家长就要有意识地帮助他解除，否则可能影响上颌发育，导致上颌前突（龅牙）、反颌等情况。

戒断时，家长可以给孩子使用口唇训练器，也叫唇挡，这种奶嘴能帮孩子锻炼上下唇肌肉，维持正常咬合关系。与此同时，增加和孩子的互动，转移他的注意力，也可以逐步实现戒除。

后 记

每一分耕耘之后，都有收获在等你

我是 1986 年进入的北京儿童医院新生儿急救中心，当时这个科室刚刚成立三年。不过，这个新科室里的人可都不新，原本 1985 年科里曾经分配来一名学生，但是我去的时候她已经结婚怀孕，院里担心孕妇在急救中心工作身体吃不消，就安排她去了门诊。这位学姐走了之后，科里最年轻的一位就是负责带我的住院医师了，整整比我大 17 岁。知道这个消息时我心里就一个想法：我的天，这也太吓人了吧！

初到新生儿急救中心的日子里，我很受宠，原因特别简单：我年龄太小了。可能在老前辈们的眼里，我更像是自家的孩子而非同事，所以日常生活中大家都对我照顾有加。不过一涉及工作上的事，"家长"们对我宠爱的方式就有些另类了：不仅让我多干活，而且要求还超级严格。

我正式上班没几天，就开始被要求独立值班。起初面对要抢救的病人，说不慌绝对是假话，因为夜班时，全院需要抢救的病人都会来找我们，所有值班的同事都很忙，一旦遇到拿不准的问题，身边根本没有人可以咨询和商量，所有事情都只能靠自己去摸索。

不过心里慌归慌，既然穿上了这身白大褂，站在了值班医生这个岗位上，就得对病人负责。我一咬牙：既然经验不够，就靠体力来凑，见过的病例不够多，没把握准确预判病人的情况，那我就随时观察，一旦发现异常，及时干预。比如休克的病人，我就每 5 分钟量一次血压，一熬一整晚,后来连院长都说,你抢救成功的病人,纯粹是"盯出来的"。

这样的工作方式让夜班的工作量超级饱和,别说打盹,连在椅子上坐一会儿的机会都很少。加上当时院里医生少,差不多每隔3天就要轮一个夜班,即使不上夜班时,医院也要求住院医真的得"驻院",所以我上班的头三年,基本就没怎么回过家,更谈不上过周末。

这种高强度的魔鬼训练持续了两三个月以后,我开始被安排去别的科室会诊、抢救病人,一上手,我都被自己能做的事惊讶到了,同期的同学也很诧异:为什么短短几个月,我们还在适应,你却已经能独立撑起新生儿急救了?也是那时候,我体会到了急救中心前辈们对我另类宠爱的深意:用高强度逼我迅速变成一个成熟的医生,能尽快独当一面。

说到受宠的第二个好处,就是所有的新鲜事都是我来干。当时的呼吸机、监护仪这些设备的说明书都是英文的,可是大家的英文水平又都有限。樊教授在法国学的儿童急救,法语一级棒,英语却不太行,其他人大学时又都学的是俄语。谁承想,英语就这么莫名成了阻碍我们熟练操作机器,向前跨出一步继续发展的深沟。

要论学语言,不得不说年轻人确实是有优势,于是樊教授就让我每天研究一部分说明书,弄明白之后再给大家讲。所以除了抢救,我在科室里的第二个重要工作就是讲课。当时樊主任要求我先去看机器所有的新功能,然后每天早交班的时候给大家讲5分钟。别看每天早晨留给我讲课的时间不长,要花的力气可不小。每天即便不是我的夜班,下班之后也得留下来研究机器,先弄懂说明书,遇到不会的单词一个一个翻字典,意思全搞明白,细节都抠清楚之后,再对照着文字去操作机器,反复尝试。

更要命的是，樊教授还给这个每天 5 分钟的课程制订了一个规则：听众可以随便提问题，不管是因为我没讲清楚或者讲错了，还是我讲得很正确但大家没理解，反正只要有一个人表示某个知识点没懂，那第二天我就得重新讲，直到所有听众都没有问题了，再继续介绍下一个功能。

这个规则实在是太可怕了，它意味着我想要用点儿皮毛知识糊弄过去根本不可能，这些资深听众们可能随时问任何问题，甚至包括每个零件的作用，呼吸机管道的长短、粗细、结构，等等，我一点儿准备不到位，就会被严谨的"家长们"问得哑口无言，僵直在讲台上。为了不丢脸，我逼着自己把所有细节都弄得特别透彻，差不多一年以后，我就对呼吸机、监护仪、血气分析仪这些当时还很稀有的仪器相当熟悉了，从应用要点到机器特性，张口就能讲出一二三，而且这些机器的构造已经印在了我脑子里，到今天也能随手画出来。

大概是看我练得差不多了，樊教授说我可以去给更多人讲课了，当时行业里有新技术培训班、主任医生提高班之类的培训。于是我这个住院医生虽然刚参加工作不久，却有了在北京市的副主任医生、主任医生培训班里给大家讲呼吸机的机会，一年以来辛苦钻研的那些内容终于有了更大的用武之地。

后来，因为我们用的呼吸机、监护仪在当时属于很稀缺的仪器，所以进行一些研究之后就可以发文章了，于是工作的第二年，我就在《中华儿科杂志》上发表了一篇文章，当年这本杂志属于国内儿科界最权威的杂志。文章发表之后，我慢慢开始有机会跟着主任一起出去开会，也逐渐被一些公司认可，去给更多的人讲课。

就这样，我从小课讲到大课，讲课的水平慢慢得到了锻炼，也收获了很强的职业荣誉感。那时候我就想明白了一个道理：一个人的职业荣誉感，就是源于自己的能力与职业需求的匹配，二者越吻合，个人的能力就越能得到发挥，工作成果也愈发能被促进，良性循环之下个人的荣誉感自然就会变强了。

这一系列经历为我带来的还有前辈的尊重和认可，让我在儿童医院的十几年始终都过得很顺利。特别是做住院医生轮转科室时，即便遇到那些传说中"不好接触""厉害"的主任，我也基本没被训斥过。想来大概是因为我在到处讲课、会诊的过程中，已经和这些前辈有过不少接触，给他们留下了还不错的印象，于是被训斥的机会自然就少了。当然，我还有个避免挨骂的法宝，就是始终提醒自己要处事低调、尊重他人，而且实践证明这招也是真的好使。所以到现在我也一直和后辈们强调：立足于社会，一定要先想着学会做人，再谈学会做事。

跟大家分享这段手忙脚乱的过往，并不仅仅是为了"忆苦"，更是想借由这段经历告诉各位父母，眼下认真付出的每一分辛苦，日后生活都会以某种形式再回馈给你。我也做过父亲，我知道呵护一个生命的成长，尽心对他负责并不容易，为人父母的这份艰辛，要甚于当年我工作付出的几倍甚至几十倍。

而且，疲累与重压之下，整个人就会情不自禁被负面情绪笼罩着，焦躁、委屈、彷徨，还掺杂着一丝不能扮演好家长角色的负罪感。但我想告诉大家的是，这一切真的都会好的。如果还是觉得辛苦或自我怀疑，那就不妨想想当年崔大夫也有过那么手忙脚乱的日子，然后告诉自己：放平心态，遵循自然养育，不必强求做一百分的父母，只要能和孩子一起积极成长就是成功。总之，无论何时都请坚信，每一分耕耘之后都有收获在等你。

6~24月龄宝宝的
辅食攻略

《崔玉涛自然养育法》

中信出版集团

原则一：食材从单一到多样

辅食添加初期，注意每次只添加一种新食材，并观察 3 天，确认宝宝没有不适症状后，再继续添加下一种。

原则二：辅食性状从稀到稠、从细到粗

随着宝宝吞咽能力和咀嚼能力的增强，从糊状、泥状，逐渐发展到蓉、碎末，再发展到小块、大块，直至接近成人食物的状态。

原则三：食材搭配要丰富

辅食中主食、蔬菜、肉类的比例推荐为 2:1:1。要注意保证主食量，同时不要过分回避脂肪的摄入。另外，可以在两餐之间给宝宝吃水果作为加餐。

原则四：初期食材混喂，避免宝宝挑食

1 岁以前，可以将米粉、菜、肉这些食材混合在一起喂宝宝。满 1 岁以后，可以再把食物分开提供给宝宝，让他渐渐习惯成人的进食方式——饭、菜、肉等分开吃。

原则五：1 岁以内尽量不要额外添加调味品

过多地用调料来加重口味，会增加身体代谢负担。让宝宝多接触天然食材的味道，有助于避免将来的挑食、偏食现象。

备注：每个宝宝对于辅食的接受程度各不相同，请家长在遵循以上原则的基础上，根据实际情况灵活调整。

6月龄宝宝的辅食攻略

喂养重点

- 本阶段主要目标为帮宝宝适应除奶以外的食物
- 要注意选择富含铁的食物，保证铁的摄入
- 每次添加一种新食材，并观察 3 天
- 上午、下午可各喂一次辅食，每类每次 1~2 勺，为规律进餐做铺垫
- 可以在宝宝饥饿时先喂辅食，然后喂奶补足
- 如果宝宝因为喜欢辅食影响奶量，则可先喂奶

辅食性状

- 细腻的泥糊状食物（以米粉、面条、猪肉、菠菜、南瓜为例）

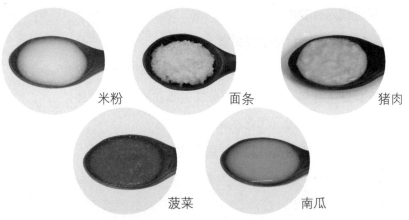

米粉　　　　面条　　　　猪肉

菠菜　　　　南瓜

喂养建议

- 乳品喂养量　　每日 4~6 次，总计 800~1000ml
- 辅食喂养量　　每日 1~2 次，每次 1~2 勺
- 辅食选择　　**谷薯类**：含铁米粉 1~2 勺

　　　　　　　蔬菜类：菜泥 1~2 勺

　　　　　　　水果类：水果泥 1~2 勺

　　　　　　　肉、蛋、禽、鱼、豆类：红色肉类 1~2 勺

- 油盐　　　　油酌情适量，不加盐

备注：以上辅食选择并非固定不变，家长可根据宝宝的实际情况灵活喂养。

经典食谱

食谱一：米粉

用料：婴儿营养米粉、水

做法：**1.** 取适量婴儿营养米粉放入小碗，慢慢倒入热水（不超过 70℃），用小勺慢慢搅拌，使米粉充分吸水。

2. 将冲好的米粉静置冷却到 40℃左右，然后即可用小勺喂给宝宝。

备注：冲调用水可以选择纯净水或一般饮用水，尽量避免使用矿泉水。米粉和水的比例可以根据宝宝实际的吞咽能力调整。《中国居民膳食指南（2016）》指出，刚开始添加辅食时，米粉的稀稠度要达到"能用小勺舀起不会很快滴落"的状态。

食谱二：米粉菠菜泥

用料：菠菜、婴儿营养米粉、水

做法：**1.** 菠菜洗净，用开水焯熟后用刀制成泥糊状备用。

2. 冲好一碗婴儿营养米粉，并将菠菜泥混入，搅拌均匀。

3. 将米粉菠菜泥静置冷却到 40℃左右即可喂给宝宝。

食谱三：米粉地瓜泥

用料：地瓜、婴儿营养米粉、水

做法：**1.** 地瓜洗净、去皮，切成小块后蒸熟，然后用研磨碗捣成地瓜泥备用。

2. 冲好一碗婴儿营养米粉，并将地瓜泥混入，搅拌均匀。

3. 将米粉地瓜泥静置冷却到 40℃左右即可喂给宝宝。

食谱四：香蕉泥

用料：香蕉

做法：**1.** 最好选择已经完全熟透的香蕉制作香蕉泥。

2. 香蕉去皮，用小勺或研磨碗捣成泥即可喂给宝宝。

备注：香蕉泥可以选在两餐之间给宝宝吃，但不要吃太多以免影响奶量。香蕉泥容易变质，每次不要做太多，要现做现吃。

喂养重点

- 辅食量不用纠结每餐克数，以宝宝接受情况为准
- 可以适当增加进食量，让辅食成为单独一餐
- 在当前阶段，奶仍然是宝宝主要的营养来源
- 给宝宝尝试不同食材，但要符合家庭饮食习惯
- 为避免挑食，可将菜泥、肉泥混在米粉中
- 给宝宝适量喝水，但不要影响正常奶量

辅食性状

- 带小颗粒的泥糊状、末状食物（以米粉、面条、猪肉、菠菜、南瓜为例）

米粉　　　　　　面条　　　　　　猪肉

菠菜　　　　　　南瓜

喂养建议

- 乳品喂养量　　每日 3~4 次，总计 700~800ml
- 辅食喂养量　　每日 2 次，每次 2/3 碗
- 辅食选择　　　**谷薯类**：含铁米粉、粥、软米饭、烂面 3~8 勺

  蔬菜类：烂菜、碎菜 1/3 碗

  水果类：水果泥、碎末 1/3 碗

  肉、蛋、禽、鱼、豆类：肉、鱼 3~4 勺
- 油盐　　　　　每日油 5~10g，不加盐

备注：以上辅食选择并非固定不变，请根据宝宝的实际情况灵活喂养

食谱一：米粉油菜猪肉泥

用料：猪肉、油菜、婴儿营养米粉、水

做法： **1.** 猪肉洗净并切成小块，上锅蒸熟，打成肉泥备用。

2. 油菜洗净，用开水焯熟后用刀剁碎成泥状备用。

3. 冲好一碗婴儿营养米粉，将做好的猪肉泥、油菜泥与米粉混合均匀，静置冷却到 40℃以下即可。

食谱二：米粉油菜三文鱼泥

用料：三文鱼、油菜、婴儿营养米粉、水

做法： **1.** 三文鱼洗净、切成小块，蒸熟，去掉鱼骨。

2. 将蒸好的三文鱼用辅食机打成均匀的肉泥，或者用小勺捣碎，备用。

3. 油菜洗净，用开水焯熟后用刀剁碎成泥状，备用。

4. 冲好一碗婴儿营养米粉，将做好的三文鱼泥、油菜泥与米粉混合均匀，静置冷却至 40℃以下即可。

食谱三：西蓝花鳕鱼泥

用料：西蓝花、鳕鱼

做法： **1.** 西蓝花洗净后，在清水中浸泡 10 分钟，然后蒸熟。

2. 鳕鱼去刺后洗净，放入蒸锅，水开后蒸 10 分钟，完全蒸熟。

3. 将蒸熟的西蓝花打泥，鳕鱼用研磨碗捣泥，将二者均匀混合即可。

食谱四：番茄猪肝碎面

用料：番茄、猪肝、姜片、宝宝碎面、水

做法： **1.** 番茄洗净划十字刀，用开水浸泡去皮后切丁备用。

2. 猪肝洗净后，清水浸泡 15 分钟，用流动清水冲洗掉表面黏液后切片。

3. 将猪肝和姜片上锅蒸 10 分钟，保证猪肝彻底熟透，然后取走姜片并加入适量水，打成猪肝泥。

4. 将宝宝碎面和番茄丁一起煮熟，然后将猪肝泥倒入锅内，边煮边搅拌 1 分钟左右即可。

8月龄宝宝的辅食攻略

喂养重点

- 如果添加易致敏食物，要注意观察宝宝是否过敏
- 每餐主食、蔬菜、肉的比例应保证 2:1:1
- 宝宝吃婴儿营养米粉次数减少，应注意补充其他含铁食材
- 即便宝宝还没有出牙，也应注意培养咀嚼意识
- 尊重宝宝的食量，不要强迫宝宝吃光每餐辅食

辅食性状

- 颗粒、碎末状食物（以米粉、面条、猪肉、菠菜、南瓜为例）

米粉　　　　面条　　　　猪肉

菠菜　　　　南瓜

喂养建议

- 乳品喂养量　　每日 3~4 次，总计 700~800ml
- 辅食喂养量　　每日 2 次，每次 2/3 碗
- 辅食选择　　**谷薯类**：含铁米粉、粥、软米饭、烂面 3~8 勺

  蔬菜类：烂菜、碎菜 1/3 碗

  水果类：水果泥、碎末 1/3 碗

  肉、蛋、禽、鱼、豆类：肉、鱼 3~4 勺
- 油盐　　　　每日油 5~10g，不加盐

备注：以上辅食选择并非固定不变，请根据宝宝的实际情况灵活喂养。

食谱一：蛋黄泥

用料：鸡蛋 1 个、水

做法： **1.** 鸡蛋煮熟后，取出蛋黄。

2. 用小勺将蛋黄碾碎，加入适量温水调成泥糊状。

备注：由于蛋黄易引起过敏，因此可先从 1/4 或半个蛋黄开始尝试，然后观察宝宝是否有口周红肿、腹泻、湿疹等不良反应，如果宝宝耐受良好，再逐渐加量。

食谱二：豌豆莲藕蓉

用料：豌豆、莲藕

做法： **1.** 豌豆洗净，莲藕洗净去皮切丁备用。

2. 将莲藕丁和豌豆上锅蒸至软烂，然后豌豆去皮碾碎即可。

食谱三：玉米面发糕

用料：玉米粉、面粉、酵母粉、水

做法： **1.** 酵母中倒入 40℃左右的水并搅拌均匀。

2. 将玉米粉和面粉按 1:1 的量倒入大碗中均匀混合，用酵母水和成面团。

3. 用保鲜膜封严大碗，静置 30 分钟作用，待面团发酵至 2 倍大小。

4. 取出面团，切成小块，整理成形后上锅蒸熟即可。

食谱四：肉末西葫芦丁

用料：猪肉、西葫芦、食用油

做法： **1.** 猪肉洗净切末备用，西葫芦洗净切丁备用。

2. 锅热后倒入少许食用油，倒入猪肉末翻炒至变色，再加入西葫芦丁，继续翻炒至软烂即可。

9月龄宝宝的辅食攻略

喂养重点

- 开始考虑添加手指食物，锻炼宝宝自主进食及精细动作
- 充分利用食材的原味，不建议在饭菜中额外添加调味料
- 保证充足的动物性食物摄入，并且确保辅食的营养密度
- 宝宝成长发育也需要油脂，日常烹饪可适量使用食用油
- 不要用果汁代替水果，以免宝宝糖分摄入量过多

辅食性状

- 颗粒、碎末、蓉状食物（以碎米饭、面条、猪肉、菠菜、南瓜为例）

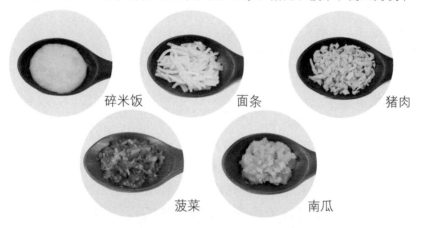

碎米饭　　面条　　猪肉

菠菜　　南瓜

喂养建议

- 乳品喂养量　　每日 3~4 次，总计 700~800ml
- 辅食喂养量　　每日 2 次，每次 2/3 碗
- 辅食选择　　**谷薯类**：含铁米粉、粥、软米饭、烂面 3~8 勺

  蔬菜类：烂菜、碎菜 1/3 碗

  水果类：水果泥、碎末 1/3 碗

  肉、蛋、禽、鱼、豆类：肉、鱼 3~4 勺
- 油盐　　每日油 5~10g，不加盐

备注：以上辅食选择并非固定不变，请根据宝宝的实际情况灵活喂养。

食谱一：鸡肉土豆蓉

用料： 鸡胸肉、土豆

做法： **1.** 将鸡胸肉洗净切丁，用沸水焯至颜色转白后捞出备用。

2. 土豆洗净去皮切丁，上锅蒸熟。

3. 将煮好的鸡胸肉和土豆一起用辅食机打成碎末状即可。

食谱二：番茄三文鱼

用料： 番茄、三文鱼、食用油

做法： **1.** 番茄洗净划十字刀，用开水浸泡去皮后切丁备用。

2. 三文鱼去刺后切成小丁备用。

3. 锅预热后，倒入少许食用油，然后将三文鱼丁炒至八成熟，再放入切好的番茄碎继续翻炒，炒出红汁后即可。

食谱三：银耳苹果羹

用料： 银耳、苹果、水

做法： **1.** 将银耳泡发后，放入锅中，加适量水，大火烧开后转中火炖，将银耳炖至黏稠。

2. 苹果去皮切碎，加入银耳羹中，搅拌均匀，再继续小火煮10分钟即可。

备注：可以在银耳快煮好时再准备苹果碎。提早准备，苹果表面会氧化变色。

食谱四：肉末茄子

用料： 猪肉、茄子、食用油

做法： **1.** 将猪肉切成碎末备用，茄子去皮切成小丁备用。

2. 在锅中倒入少许食用油，油热后放入茄子丁用小火翻炒，待茄子变色、变软后盛出备用。

3. 把肉末放入锅中翻炒，待肉末变色后加入第2步中的茄子丁混合翻炒至食材全熟即可。

喂养重点

- 继续丰富食物的种类，并将食物颗粒变大，锻炼宝宝咀嚼能力
- 宝宝可能因为出牙等原因影响食量，要注意
- 如果宝宝喜欢自己吃饭，家长不要因为怕脏一味阻止
- 每餐为宝宝准备一些手指食物，满足抓、捏等探索需求
- 宝宝食物种类逐渐丰富，每天早晚更要注意认真刷牙

辅食性状

- 颗粒、小块状食物（以碎米饭、面条、猪肉、菠菜、南瓜为例）

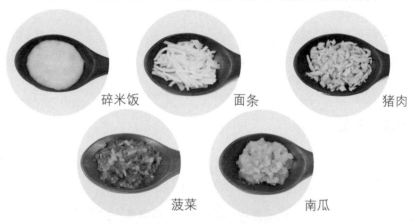

碎米饭　　　　面条　　　　　　猪肉

菠菜　　　　南瓜

喂养建议

- 乳品喂养量　　每日 2~4 次，总计 600~700ml
- 辅食喂养量　　每日 2~3 次，每次 3/4 碗
- 辅食选择　　**谷薯类**：面条、碎米饭、小馒头、面包 1/2~3/4 碗

  蔬菜类：碎菜 1/2 碗

  水果类：水果小块 1/2 碗

  肉、蛋、禽、鱼、豆类：蛋黄、肉、鱼 4~6 勺
- 油盐　　　　每日油 5~10g，不加盐

备注：以上辅食选择并非固定不变，请根据宝宝的实际情况灵活喂养。

经典食谱

食谱一：番茄肉酱面

用料： 番茄、牛肉、面条、水

做法： **1.** 番茄洗净划十字刀,用开水浸泡去皮后切丁备用,牛肉也切成碎末备用。

2. 锅预热后,倒入适量食用油,然后放入牛肉末小火翻炒至变色,之后加入番茄丁继续翻炒至浓稠的番茄肉酱,过程中可以根据情况适量加水,保证番茄肉酱浓稠度适宜。

3. 烧水煮面,面煮熟后捞出过凉开水,加入番茄肉酱搅拌均匀即可。

食谱二：丝瓜肉丸汤

用料： 猪肉馅、丝瓜、食用油、水

做法： **1.** 丝瓜去皮,切成细丝或细条,猪肉馅加少量食用油揉成小肉丸。

2. 锅中加入适量的水烧开,然后将肉丸放入水中煮。

3. 肉丸全部漂起后加入丝瓜条,继续煮至食材全熟即可。

食谱三：鱼肉薯泥饼

用料： 鳕鱼、土豆、食用油

做法： **1.** 鳕鱼去掉刺切成小块,蒸熟后做成鱼肉碎备用。

2. 土豆去皮切成小丁,蒸熟后碾成土豆泥备用。

3. 将鱼肉碎和土豆泥混合,搅拌均匀,取一小团压成小饼。

4. 平底锅刷薄薄一层食用油,预热后调成小火,放入小饼煎至两面金黄。

食谱四：胡萝卜炖羊肉

用料： 胡萝卜、羊肉、食用油、水

做法： **1.** 羊肉和胡萝卜均洗净后,切成小块备用。

2. 将羊肉冷水下锅,焯去血水取出备用。

3. 将羊肉倒入油锅中翻炒至变色后,倒入胡萝卜继续翻炒。

4. 等胡萝卜变色后,锅中加入水没过食材,小火将食材炖至软烂即可。

11月龄宝宝的辅食攻略

喂养重点

- 每餐注意蛋、菜、肉合理搭配，保证主食摄入量
- 注意为宝宝营造良好进餐氛围，鼓励他专注进食
- 如果给宝宝购买辅食、零食，要学会阅读营养标签
- 如果宝宝想尝试用勺子，可用相对浓稠的食物让他练习
- 继续定期绘制生长曲线，监测辅食添加效果

辅食性状

- 较大的块状食物（以米饭、面条、猪肉、菠菜、南瓜为例）

米饭　　　　　面条　　　　　猪肉

菠菜　　　　　南瓜

喂养建议

- 乳品喂养量　　每日 2~4 次，总计 600~700ml
- 辅食喂养量　　每日 2~3 次，每次 3/4 碗
- 辅食选择　　　**谷薯类**：面条、碎米饭、小馒头、面包 1/2~3/4 碗

　　　　　　　　蔬菜类：碎菜 1/2 碗

　　　　　　　　水果类：水果小块 1/2 碗

　　　　　　　　肉、蛋、禽、鱼、豆类：蛋黄、肉、鱼 4~6 勺
- 油盐　　　　　每日油 5~10g，不加盐

备注：以上辅食选择并非固定不变，请根据宝宝的实际情况灵活喂养。

食谱一：青菜肉松疙瘩汤

用料： 青菜、肉松、面粉、葱、食用油、水

做法： **1.** 青菜洗净切小段备用。

2. 面粉内逐次倒入少量的水，搅拌成小的面疙瘩。

3. 葱花放入热油锅中爆香后捞出，将青菜下锅翻炒至熟。

4. 向锅中倒入水，水开后倒入面疙瘩煮开，加入少许肉松即可。

食谱二：香菇酿肉

用料： 香菇、猪肉

做法： **1.** 鲜香菇洗净后将香菇蒂与香菇盖分离，把香菇蒂切成碎末。

2. 猪肉洗净后剁成肉糜，与香菇蒂碎末混合均匀（也可加入青菜碎）。

3. 将馅料填入香菇盖里后放入蒸锅中，水开后大火蒸10分钟即可出锅。

食谱三：排骨烧萝卜

用料： 排骨、萝卜、葱、姜、食用油、水

做法： **1.** 排骨洗净后和葱姜一起放入锅中，加水没过排骨，大火煮沸后捞出备用。

2. 萝卜洗净后切成小块，开水焯熟后捞出备用。

3. 热锅倒食用油，放入葱爆香后将葱捞出，然后下排骨翻炒至两面变色，之后加少量热水后盖锅盖，闷烧10分钟。

4. 将焯好的萝卜块倒入锅中，与排骨翻拌均匀，再加少量热水后盖上锅盖，用小火烧至熟软，然后大火收汁即可。

备注：如果让宝宝自己啃咬，成人要注意看护，避免宝宝误吞骨头。

食谱四：紫薯米糕

用料： 紫薯、婴儿营养米粉、水

做法： **1.** 紫薯洗净切成小块后上锅蒸烂，捣成泥后加水搅拌成泥糊状。

2. 婴儿营养米粉加热水，搅拌成较为浓稠的泥糊状。

3. 将紫薯糊和米粉糊混合搅拌均匀，倒入模具中上锅蒸约20分钟即可。

喂养重点

- 注重进餐仪式感，鼓励宝宝和家人共餐感受进餐氛围
- 开始着意培养宝宝自己用勺子吃饭，鼓励独立进餐
- 母乳或配方奶为主，同时开始尝试更多乳制品形式
- 如果宝宝对清淡食物非常排斥，可适当加调味品
- 可以开始尝试蛋清、豆制品、带壳海鲜、坚果等食材

辅食性状

- 片状、大块的食物（以米饭、面条、猪肉、菠菜、南瓜为例）

米饭　　　　　　面条　　　　　　猪肉

菠菜　　　　　南瓜

喂养建议

- 乳品喂养量　每日 2 次，总计 400~600ml
- 辅食喂养量　每日 3 次，每次 1 碗
- 辅食选择　　**谷薯类**：各种家常谷类 3/4~1 碗

　　　　　　　蔬菜类：各种蔬菜 1/2~2/3 碗

　　　　　　　水果类：各种水果 1/2~2/3 碗

　　　　　　　肉、蛋、禽、鱼、豆类：蛋、肉、鱼、豆腐类 6~8 勺
- 油盐　　　　每日油 10~15g，盐 < 1.5g

备注：以上辅食选择并非固定不变，请根据宝宝的实际情况灵活喂养。

经典食谱

食谱一：木须肉

用料： 猪肉、木耳、黄瓜、鸡蛋、葱、姜、食用油、水

做法： **1.** 猪肉切小片备用，木耳泡发后撕成小片，用开水焯熟备用，黄瓜洗净去皮切成小片备用。

2. 热锅倒食用油，鸡蛋打散后倒入炒熟，盛出备用。

3. 锅中下猪肉片炒至变色，再依次放入木耳、黄瓜、鸡蛋，加少量水，翻炒均匀即可。

食谱二：青椒爆猪肝

用料： 青椒、猪肝、葱、姜、蒜、食用油

做法： **1.** 猪肝洗净后，和葱段、姜片一起放入锅中，加水大火煮沸后捞出猪肝，洗净切成小丁备用。青椒也洗净切成小丁备用。

2. 热锅倒食用油，下蒜末爆香后捞出，然后放入猪肝丁翻炒至变色后，再放入青椒丁，翻炒至熟软即可。

食谱三：土豆胡萝卜丝煎饼

用料： 土豆、胡萝卜、面粉、水、食用油

做法： **1.** 将土豆、胡萝卜洗净去皮后擦丝，再上锅蒸软。

2. 将蒸好的土豆和胡萝卜与面粉混合，加入适量水搅拌成黏稠的糊状。

3. 平底锅内倒食用油，放入一勺面糊小火烙至两面金黄即可。

食谱四：虾球玉米笋

用料： 鲜虾、玉米笋、蒜、食用油

做法： **1.** 鲜虾洗净，挑出虾线，去头去壳；玉米笋洗净切段、蒜切片备用。

2. 锅中倒入少许食用油，油热后放入蒜片爆香。

3. 放入切好的玉米笋、虾，翻炒片刻后加入适量的水，盖锅盖焖蒸2~3分钟。

4. 待汤汁变得浓稠后，再次翻炒几下即可。

喂养重点

- 培养餐桌礼仪，继续鼓励宝宝独立用小勺吃饭
- 除了维生素 D，不要盲目添加营养补剂
- 两餐之间可以适量吃健康的零食，不要喝饮料
- 注意训练宝宝咀嚼，可以试着啃啃棒骨、玉米棒等
- 葡萄、坚果等食物注意加工成小颗粒，避免呛噎

辅食性状

- 片状、大块的食物（以米饭、面条、猪肉、菠菜、南瓜为例）

米饭　　　面条　　　猪肉

菠菜　　　南瓜

喂养建议

- 乳品喂养量　　每日 2 次，总计 400~600ml
- 辅食喂养量　　每日 3 次，每次 1 碗
- 辅食选择　　**谷薯类**：各种家常谷类 3/4~1 碗

　　　　　　　蔬菜类：各种蔬菜 1/2~2/3 碗

　　　　　　　水果类：各种水果 1/2~2/3 碗

　　　　　　　肉、蛋、禽、鱼、豆类：蛋、肉、鱼、豆腐类 6~8 勺
- 油盐　　　　每日油 10~15g，盐 < 1.5g

备注：以上辅食选择并非固定不变，请根据宝宝的实际情况灵活喂养。

食谱一：蛋包饭

用料：番茄、香菇、虾仁、胡萝卜、豌豆、米饭、鸡蛋、食用油、盐

做法：
1. 茄去皮切丁，放入油锅中翻炒，炒成蓉状后盛出备用。

2. 胡萝卜蒸熟后切成碎丁；豌豆煮到软烂；香菇、虾仁切成碎丁。

3. 将鸡蛋打成蛋液，平底锅中刷少许食用油，烧热后倒入蛋液，煎成直径约 15~20 厘米的蛋皮盛出备用。

4. 将胡萝卜、豌豆、香菇、虾仁用油炒熟，再加入米饭炒散，加盐调味。

5. 将炒饭盛在蛋皮中，对折蛋皮包裹住炒饭后，淋上番茄蓉即可。

食谱二：奶酪焗红薯

用料：红薯、无盐黄油、牛奶、马苏里拉奶酪

做法：
1. 红薯洗净用湿的厨房纸巾包裹，微波炉高火加热 5 分钟，熟后对半切开，将红薯肉挖出放入小碗，注意不要弄破红薯皮。

2. 将红薯肉碾成泥后，加入少许牛奶、熔化的黄油，搅拌均匀后填回红薯皮中抹平表面，再撒上奶酪。

3. 烤箱 180℃ 预热，烤 15 分钟左右，待奶酪熔化表面呈棕黄色即可。

食谱三：白菜豆腐碎

用料：大白菜、豆腐、盐、食用油、水

做法：
1. 大白菜洗净切碎，豆腐切成小方块备用。

2. 锅中放食用油烧热，加入大白菜碎翻炒，变软后放入豆腐炒匀。

3. 加适量水没过食材，然后炖煮到白菜软烂，加盐调味即可。

食谱四：彩椒虾仁蛋炒饭

用料：虾仁、彩椒、鸡蛋、米饭、酱油、盐、食用油

做法：
1. 虾仁切丁加少许酱油腌制 20 分钟，彩椒切成碎丁备用。

2. 将鸡蛋打成蛋液，用油快速翻炒成鸡蛋碎后盛起备用；再用剩下的油将虾仁炒至变色后盛起备用。

3. 将彩椒丁用油翻炒后加入米饭炒散，加入鸡蛋碎、虾仁和盐炒匀。